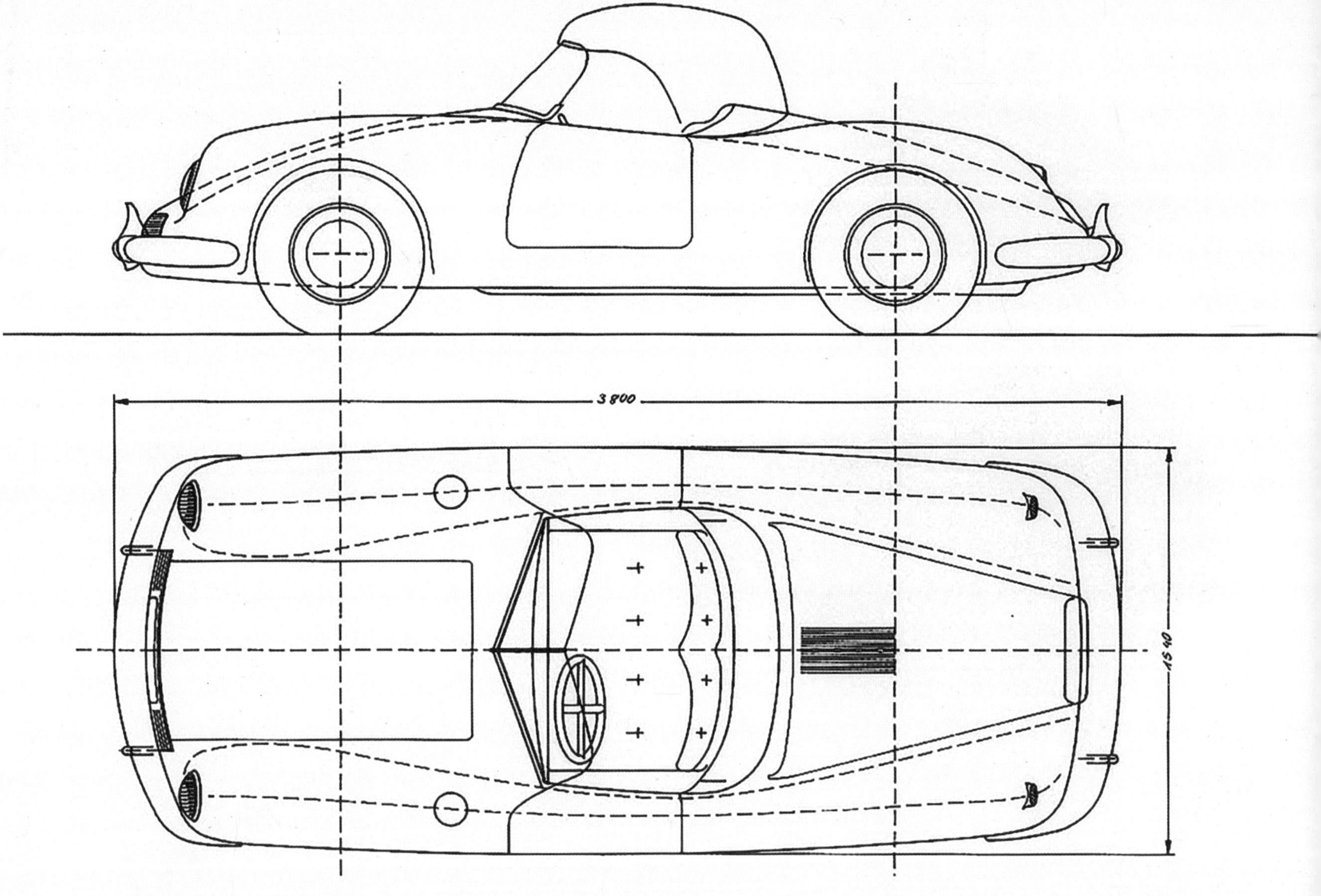
3 800
15 40

1931 — PORSCHE CHRONIK — 2023

EDITION PORSCHE MUSEUM

Zu diesem Buch

Driven by Dreams: Angetrieben von einem Traum beginnt die Geschichte der Marke Porsche im österreichischen Gmünd. Dort wird 1948 der erste Sportwagen mit diesem Namen gebaut, weil Ferry Porsche mit seinem Team seine Vorstellung von einem Sportwagen realisieren möchte. Im Mittelpunkt steht dabei die Vision, unabhängig von allen äußeren Umständen seinem Wunsch zu folgen und das scheinbar Unmögliche wahr werden zu lassen.

Am 8. Juni 1948 erhält der erste Porsche seine allgemeine Betriebserlaubnis. Dieses Datum gilt seither als Geburtsstunde einer Marke, die mehr ist als ein Name. Porsche ist ein Begriff. Für sportliches Fahren und Denken genauso wie für automobile Innovationen, Design und Funktionalität.

Doch schon davor legt Ferdinand Porsche den Grundstein für das heutige Unternehmen, die Dr. Ing. h.c. F. Porsche AG. 1931 gründet er ein selbstständiges Konstruktionsbüro in Stuttgart und schreibt mit der Konstruktion des Volkswagens Automobilgeschichte.

In den vergangenen Jahrzehnten hat das Unternehmen viele Höhen und Tiefen erlebt und nicht nur Automobilgeschichte, sondern auch Wirtschaftsgeschichte geschrieben. Dank effizienter Produktionsmethoden, qualifizierter Mitarbeiter, einer klaren Markenführung und innovativer Modelle hat sich die ehemals kleine Sportwagenschmiede aus Stuttgart-Zuffenhausen zu einem technisch und stilistisch führenden Hersteller von sportlichen Premiumautomobilen entwickelt – und darüber hinaus zu einem der profitabelsten Unternehmen der Branche.

Die Porsche Chronik zeichnet chronologisch in Texten und Bildern die wechselvolle Geschichte von den Anfängen 1931 über den ersten Porsche-Sportwagen 1948 und die seither vergangenen 75 Jahre bis ins Jubiläumsjahr 2023 nach – für alle, die kurz und kompakt Bescheid wissen wollen über die weltbekannte Marke mit schwäbischen Wurzeln.

Vorwort

Es begann mit einem Traum. Ferry Porsche träumte von einem einzigartigen Sportwagen. Und da es ein derartiges Fahrzeug bis dahin noch nicht gab, baute er es sich gemeinsam mit seinem Team einfach selbst. Am 8. Juni 1948 erhielt sein 356 „Nr. 1" Roadster die allgemeine Betriebserlaubnis. Dieser Tag gilt als die Geburtsstunde der Sportwagenmarke Porsche – und markiert den Beginn einer einmaligen Erfolgsgeschichte, der bis heute ständig neue Kapitel hinzugefügt werden.

Die historischen Wurzeln reichen jedoch noch weiter zurück. Denn schon Ferrys Vater hatte Träume, mit deren Umsetzung er Automobilgeschichte schrieb. Professor Ferdinand Porsche baute bereits als junger Mann aufsehenerregende, elektrisch und hybrid angetriebene Fahrzeuge. Das war vor rund 120 Jahren. Dann träumte er von der Selbstständigkeit – und machte diesen Traum gemeinsam mit Anton Piëch und Adolf Rosenberger wahr.

Im Konstruktionsbüro Porsche entstanden unter anderem die Zeichnungen und Prototypen für den Volkswagen „Käfer". Auch Traktoren und Flugzeugmotoren wurden hier entworfen. Ein besonderer Fokus lag auf Rennwagen. Denn innovative Konstruktionen im sportlichen Wettbewerb zu erproben, gehörte von Beginn an zur Philosophie von Ferdinand Porsche. Aus dieser familiären Umgebung bezog Ferry Porsche seine Inspiration – und seine hohen Ansprüche an die eigene Arbeit. Das war die Keimzelle, aus der später der Sportwagenhersteller Porsche hervorging.

2023 feiert Porsche Jubiläum. Unsere Marke blickt inzwischen auf eine stolze 75-jährige Tradition zurück. Auf eine ganz besondere Geschichte mit vielen Höhen und auch einigen Tiefen. Mit unzähligen Siegen im Motorsport und einer Vielzahl technischer Innovationen. Mit unverwechselbaren Designikonen und stets geprägt von einer einzigartigen Unternehmenskultur. Von Herzblut und Pioniergeist, Sportlichkeit und Familiensinn. Angetrieben von der Leidenschaft, die Träume unserer Kunden zu erfüllen.

Porsche ist heute eine starke globale Marke. Längst ist aus der kleinen Sportwagenschmiede ein weltweit führender Hersteller

von exklusiven sportlichen Fahrzeugen geworden. Eine Marke, die für modernen Luxus steht – und Performance mit Innovation und Nachhaltigkeit vereint. Mit der Ambition, die Zukunft der Mobilität als Pionier aktiv mitzugestalten. Dieser Aufstieg lässt sich nur aus der Historie heraus verstehen: Porsche hat sich über all die Jahre immer wieder verändert. Nur deshalb ist Porsche stets Porsche geblieben.

Dieses Kompendium zeichnet die Innovationen der Vergangenheit nach – chronologisch, die wesentlichen Meilensteine kurz und knapp auf den Punkt gebracht, als kurzweilige Lektüre oder schnelles Nachschlagewerk zu nutzen. Die Porsche Chronik blickt aber nicht nur zurück, sondern weist zugleich auch in die Zukunft. Denn es zeigt auf, was den Erfolg und die Strahlkraft von Porsche ausmacht – gestern, heute und morgen.

OLIVER BLUME

Porsche: Unternehmen und Marke

Unternehmensgründer

Ferdinand Porsche, Adolf Rosenberger, Anton Piëch

25.04.1931

Konstruktionsbüro Porsche

Die Dr. Ing. h.c. F. Porsche Gesellschaft mit beschränkter Haftung, Konstruktionen und Beratung für Motoren und Fahrzeugbau wird in das Handelsregister Stuttgart eingetragen.

1937

Umwandlung in KG

Umwandlung der Dr. Ing. h.c. F. Porsche GmbH in die Dr. Ing. h.c. F. Porsche KG, Stuttgart im Dezember 1937.

1944

Umzug

Kriegsbedingter Umzug nach Gmünd, Kärnten in Österreich.

Begründer der Marke Porsche

Ferdinand Anton Ernst „Ferry“ Porsche

08.06.1948

Geburtsstunde der Marke

Porsche 356 „Nr.1“ Roadster: Das erste Fahrzeug, das den Namen Porsche trägt, erhält die allgemeine Betriebserlaubnis.

1949

Rückkehr

Rückkehr nach Stuttgart im November 1949 und Start der 356-Serienproduktion.

1952

Entstehung Markenzeichen

Porsche erhält ein identitätsstiftendes Markenzeichen.

1972

Umwandlung in AG

Umwandlung der Dr. Ing. h.c. F. Porsche KG, Stuttgart in die Dr. Ing. h.c. F. Porsche AG.

Inhalt

75
DREAMS

Ferdinand Porsche (links) und Sohn Ferdinand Anton Ernst „Ferry“ Anfang der 1930er Jahre.

1931 — FIRMENGRÜNDUNG — 1939

„Es ist doch besser,
ich mache ein eigenes Büro
und arbeite für alle."

Ferdinand Porsche

1930er Jahre 1950 1960 1970 1980 1990 2000 2010 2020

1931

Auf dem Höhepunkt der Weltwirtschaftskrise wird am 25. April die „Dr. Ing. h.c. F. Porsche Gesellschaft mit beschränkter Haftung, Konstruktion und Beratung für Motoren- und Fahrzeugbau" in das Stuttgarter Handelsregister eingetragen, benannt nach dem Gründer Dr. Ing. h.c. Ferdinand Porsche. Das in der Stuttgarter Kronenstraße 24 ansässige Konstruktionsbüro hatte bereits zuvor, im Dezember 1930, mit 12 Mitarbeitern begonnen. Neben Ferdinand Porsche, der 24.000 RM ins Stammkapital der GmbH einlegt, beteiligen sich sein Schwiegersohn Anton Piëch sowie Adolf Rosenberger als geschäftsführende Gesellschafter mit jeweils 3000 RM. Das Spektrum der Konstruktionen ist von Beginn an breit gefächert.

Den ersten Auftrag an das Konstruktionsbüro vergibt der Chemnitzer Automobilhersteller Wanderer, für den eine Sechszylinder-Mittelklasselimousine sowie ein neuer Reihen-Achtzylindermotor entwickelt werden. Es folgen eine Schwingachse für die Horch-Werke Zwickau und ein im Auftrag der Zittauer Phänomen-Werke konstruierter luftgekühlter Fünfzylinder-Sternmotor, der dem Antrieb von Lastwagen dienen soll.

Anton Piëch (links) und Adolf Rosenberger.

Die erste Auftragskonstruktion für das Konstruktionsbüro Porsche kommt von Wanderer (Porsche Typ 7).

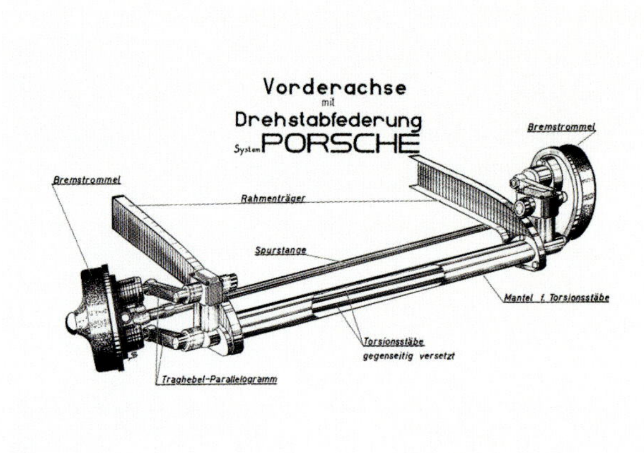

Zeichnung der unter der Bezeichnung Typ 17 konstruierten Drehstabfederung „System Porsche“.

Als technischer Höhepunkt des ersten Arbeitsjahres und Meilenstein der Technikgeschichte gilt die am 10. August zum Patent angemeldete Drehstabfederung, die noch heute im internationalen Automobilbau Anwendung findet.

Ab September arbeitet das Konstruktionsbüro Porsche im Auftrag der Zündapp GmbH an einem Kleinwagen mit der Typnummer 12, der sich mit Heckmotor, Zentralrohrrahmen und einem vor der Hinterachse liegenden Getriebe als richtungsweisend für den späteren Volkswagen erweisen soll.

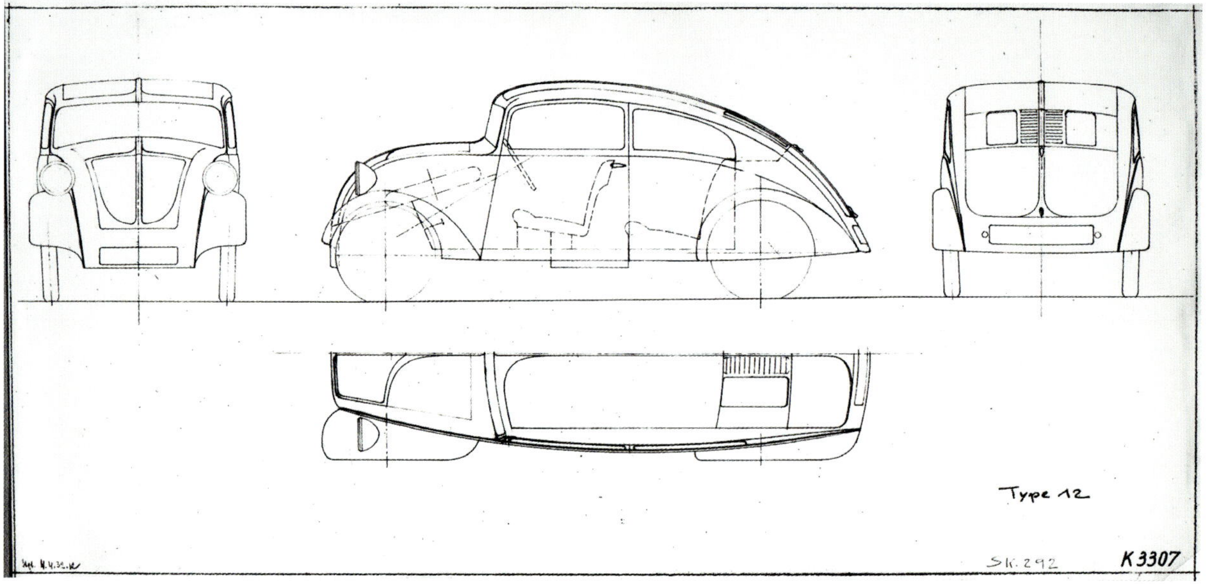

Zeichnung vom Kleinwagen Typ 12 im Auftrag der Zünapp GmbH vom 4. April 1932.

1932

Die allgemeine wirtschaftliche Depression bleibt auch für das Porsche-Konstruktionsbüro nicht ohne Konsequenzen, und so wird das Jahr 1932 zu einer ersten Bewährungsprobe für die junge Firma. Obwohl die Arbeiten am Typ 12 im Frühjahr abgeschlossen sind, verzichtet Zündapp aus wirtschaftlichen Gründen auf eine Serienfertigung des vielversprechenden Kleinwagenmodells, da man sich allein auf den Motorradbau beschränken möchte.

Ferry Porsche neben dem für Zündapp entwickelten Porsche Typ 12 Cabriolet.

Als Automobilkonstrukteur von Weltruf erhält Ferdinand Porsche Besuch einer russischen Delegation, die ihm anbietet als „Generaldirektor für Entwicklung und Konstruktion" die sowjetische Automobilindustrie weiter aufzubauen. Nach einer mehrwöchigen Russlandreise und der Besichtigung zahlreicher Industrieanlagen lehnt der 57-Jährige den hoch dotierten Posten ab – zu groß erscheinen ihm die sprachlichen und kulturellen Hürden.

Ferdinand Porsche.

Nach Bekanntgabe der neuen 750-Kilogramm-Rennformel durch die internationale Rennsportbehörde sieht Ferdinand Porsche die Chance, seine langjährige Erfahrung als Rennwagenkonstrukteur erneut unter Beweis zu stellen. Um die finanziellen Risiken eines kapitalintensiven Rennwagenprojektes zu reduzieren, wird eine Tochtergesellschaft gegründet, die ebenfalls in der Kronenstraße 24 firmiert. Die „Hochleistungs-Fahrzeug-Bau GmbH" wird am 19. November in das Handelsregister eingetragen und beschäftigt sich zunächst mit der Konstruktion eines neuen 16-Zylinder-Hochleistungsmotors für einen zukünftigen Grand-Prix-Rennwagen.

1933

Nach langen Verhandlungen gelingt am 17. März der Vertragsabschluss mit dem sächsischen Automobilkonzern Auto Union über den Bau eines 750-Kilogramm-Formel-Rennwagens. Unter der Leitung von Oberingenieur Karl Rabe entwickelt das kleine Team von Porsche-Technikern den als Mittelmotor-Fahrzeug ausgelegten Typ 22 binnen weniger Monate so weit, dass noch im Frühjahr bei der Auto Union in Chemnitz mit dem Bau des ersten P-Rennwagens (P für Porsche) begonnen werden kann. Neben dem hohen Prestigewert ist die Konstruktion des Typ 22 auch finanziell für das Büro Porsche so lukrativ, dass die zuvor als Sicherheitsmaßnahme gegründete „Hochleistungs-Fahrzeug-Bau GmbH" wieder liquidiert werden kann.

Neben dem Auto Union-Rennwagen Typ 22 wird ein von den NSU-Werken georderter Kleinwagen zum wichtigsten Entwicklungsauftrag des Jahres. Die Konstruktionsarbeiten beginnen im August und sehen für den Typ 32 einen im Fahrzeugheck liegenden, luftgekühlten Vierzylinder-Boxermotor sowie die Porsche-Drehstabfederung vor. Nach der Genehmigung der Konstruktionen durch NSU-Vorstand Fritz von Falkenhayn am 10. November entstehen beim Heilbronner Karosseriebauer Drauz zwei Prototypen in Gemischtbauweise mit Holzkarosserie und Kunstlederüberzug. Für einen dritten Prototypen fertigt das in der Stuttgarter Augustenstraße ansässigen Karosseriewerk Reutter eine Ganzstahlkarosserie an.

Auto Union-Rennwagen Typ 22 bei Testfahrten im November 1933.

Versuchswagen Typ 32 vor dem Porsche-Konstruktionsbüro in der Kronenstraße 24.

1934

Im Zuge der angespannten Wirtschaftslage ist die Idee eines preisgünstigen Kleinwagens beziehungsweise Volkswagens schon seit den späten 1920er Jahren immer wieder von verschiedenen Automobilkonstrukteuren aufgenommen worden. Ferdinand Porsche stellt am 17. Januar dem Reichsverkehrsministerium in Berlin seine persönliche Quintessenz zu diesem Thema im „Exposé betreffend den Bau eines Deutschen Volkswagens“ vor. Der darin skizzierte Typ 60 ist zu diesem Zeitpunkt bereits der achte unter seiner Regie entwickelte Kleinwagen. Nicht zuletzt die im Konstruktionsbüro Porsche ausgeführten Auftragsarbeiten für Zündapp und NSU zeigen bereits technische und stilistische Elemente des späteren Volkswagens.

Ferdinand Porsche am Zeichenbrett im Stuttgarter Konstruktionsbüro.

Am 22. Juni erhält die Dr. Ing. h.c. F. Porsche GmbH vom Reichsverband der Deutschen Automobilindustrie (RDA) offiziell den Auftrag zur Konstruktion und zum Bau eines deutschen Volkswagens. Vereinbart wird zunächst die Herstellung eines Prototyps, die Zahl der Versuchswagen wird am 7. Dezember 1934 vertraglich auf drei Fahrzeuge erhöht.

Neben der Arbeit am Volkswagen-Projekt betreut das Konstruktionsbüro während der Rennsaison 1934 den als Porsche Typ 22 entwickelten Auto Union P-Rennwagen. Bereits im Januar finden im Beisein von Ferdinand Porsche Versuchsfahrten auf der Berliner AVUS statt. Während seines ersten Einsatzjahres erzielt der Auto Union P-Wagen drei Weltrekorde und gewinnt neben vier internationalen Bergrennen den Grand Prix von Deutschland, der Schweiz und der Tschechoslowakei.

Rennfahrer Hans Stuck beim Großen Preis von Brünn auf Auto Union Typ A (Porsche Typ 22).

1935

Vier Jahre nach der Gründung des Konstruktionsbüros Porsche wächst die Belegschaft zum 1. Januar auf 35 Mitarbeiter an. Mit Hochdruck und nicht zuletzt auch gegen Widerstände der deutschen Automobilindustrie, die eine Konkurrenz zu ihren bereits bestehenden Fahrzeugmodellen befürchtet, wird am Volkswagen-Projekt gearbeitet. In der Garage des Stuttgarter Porsche-Anwesens am Feuerbacher Weg entstehen zwei Volkswagen-Prototypen des Typ 60. Das erste fahrfertige Fahrzeug, genannt V1, wird am 3. Juli 1935 einer Kommission des Reichsverbandes der Deutschen Automobilindustrie (RDA) vorgestellt. Der zweite Versuchswagen V2 tritt am 22. Dezember zur Jungfernfahrt an und wird am 29. Dezember zusammen mit dem V1-Prototyp in München Adolf Hitler präsentiert.

Volkswagen-Prototyp Porsche Typ 60 (V1) während Testfahrten im Winter 1935/36.

Ferry Porsche am Steuer des zweiten Volkswagen-Prototyps (V2).

Parallel zur Fahrzeugentwicklung werden seit Dezember innerhalb der Porsche GmbH noch weitere Aufgabengebiete bearbeitet: Neben der Konstruktion eines 1.000 PS starken Flugmotors (Typ 55) für die Münchener Süd-Bremse AG bestellt die Deutsche Versuchsanstalt für Luft- und Raumfahrt (DVL) einen 32- sowie 16-zylindrigen Flugmotor mit der internen Konstruktionsbezeichnung Typ 70 beziehungsweise Typ 72.

Weitere realisierte Projekte bestehen in einer Schwingachskonstruktion für den britischen Rennstall English Racing Automobiles (ERA) sowie einer Kraftrad-Studie für den Nürnberger Motorradhersteller Zündapp.

1936

Während im Februar mit dem Bau dreier weiterer Volkswagen-Prototypen mit der Bezeichnung V3 begonnen wird, kommt seitens des Reichsverbandes der Automobilindustrie (RDA) vermehrt Widerstand auf. Terminverzögerungen und unterschiedliche technische Ansprüche bei den Versuchsfahrzeugen führen zu heftiger Kritik des RDA-Präsidenten Robert Allmers. Entgegen der ersten Überlegung, den Volkswagen von den deutschen Automobilherstellern gemeinsam bauen zu lassen, entscheidet sich Adolf Hitler am 4. Juli für den Bau eines eigenständigen Volkswagenwerks, mit dessen Planung Ferdinand Porsche beauftragt wird.

Um sich über die amerikanischen Produktionsmethoden zu informieren, startet Dr. Porsche zusammen mit seinem Neffen und Privatsekretär Ghislaine Kaes am 1. Oktober zu einer sechswöchigen Studienreise in die Vereinigten Staaten von Amerika. In Detroit besichtigt er die modernen Produktionsanlagen der Ford Motor Company und der General Motors Corporation. Zurück in Deutschland erhält Porsche am 18. Dezember „für hervorragende Leistungen im Kraftwagenbau" die vom Österreichischen Gewerbeverein vergebene Wilhelm-Exner-Medaille.

Ferdinand Porsche an Bord der „Queen Mary" im Hafen von New York.

Bis Mitte Dezember legen die V3-Volkswagen-Prototypen während ihrer ausführlichen Dauer-Versuchsfahrten je 50.000 Kilometer zurück, ohne dass grundsätzliche Mängel auftreten. Neben den Fahrern der Porsche GmbH sind die Versuchswagen mit technischen Beobachtern des RDA besetzt.

Porsche Typ 60 (V3) an der Hofausfahrt der Stuttgarter Porsche-Villa.

1937

Neben der Entwicklung technischer Fahrzeugkomponenten gibt die Daimler-Benz AG am 11. März die Konstruktion des Rekordwagens Typ 80 in Auftrag, der mit einem Spezial-Flugmotor mit 3500 PS den Geschwindigkeitsrekord zu Lande brechen soll. Zeitgleich entsteht bei Daimler-Benz im Auftrag des RDA eine Versuchsreihe von dreißig Volkswagen-Prototypen des Typs W30. Die einjährige Fahrerprobung durch eine SS-Fahrbereitschafts-Staffel findet ab dem 15. Mai unter technischer Betreuung von Ferdinand Porsches Sohn Ferry statt und führt über 2,4 Millionen Versuchskilometer.

Der von Porsche konstruierte Mercedes-Benz Hochgeschwindigkeits-Rekordwagen T 80.

Am 28. Mai wird in Berlin unter der Trägerschaft der Deutschen Arbeitsfront (DAF) die Gesellschaft zur Vorbereitung des Deutschen Volkswagens mbH (Gezuvor) gegründet. Als einer von drei Geschäftsführern ist Ferdinand Porsche nun offiziell für Technik und Planung des zukünftigen Volkswagenwerkes zuständig.

In Begleitung seines Sohnes Ferry sowie des Neffen Ghislaine Kaes bricht Porsche am 26. Juni – zusammen mit den anderen zwei Gezuvor-Geschäftsführern Bodo Lafferentz und Jakob Werlin – zu einer zweiten Studienreise in die USA auf. Ziel der Reise ist neben dem Ankauf von Spezialmaschinen auch die Anwerbung von Produktionsspezialisten für das Volkswagenwerk.

Ferdinand Porsche und Sohn Ferry auf einer Studienreise in die USA.

Die am 24. November begonnene Konstruktion des Klein-Schleppers Typ 110 mit luftgekühltem 12-PS-Zweizylindermotor wird zur Grundlage des späteren „Volkstraktors“ sowie für die nach dem Zweiten Weltkrieg produzierten Porsche-Diesel-Schlepper.

Parallel zum Volkswagen entsteht 1937 mit dem Typ 110 ein Vorläufer des späteren „Volkstraktors“.

Zum Jahresende 1937 erfolgt die Umwandlung der Dr. Ing. h.c. F. Porsche GmbH in die Rechtsform einer Kommanditgesellschaft (KG). Neben dem Geschäftsführer Dr. Ferdinand Porsche sind die weiteren Gesellschafter Anton Piëch, Baron Hans Veyder von Malberg, Ferry Porsche sowie Louise Piëch.

1938

Für die Dr. Ing. h.c. F. Porsche KG beginnt das Jahr 1938 mit dem Konstruktionsauftrag eines Doppelkompressors für den Zwölfzylindermotor des Mercedes-Benz 3-Liter-Formelrennwagens W 154 sowie des Typ 90, einer Rennwagenstudie, die jedoch nie realisiert werden sollte.

Technische Zeichnung der Rennwagen-Studie Typ 90 vom 12. April 1937.

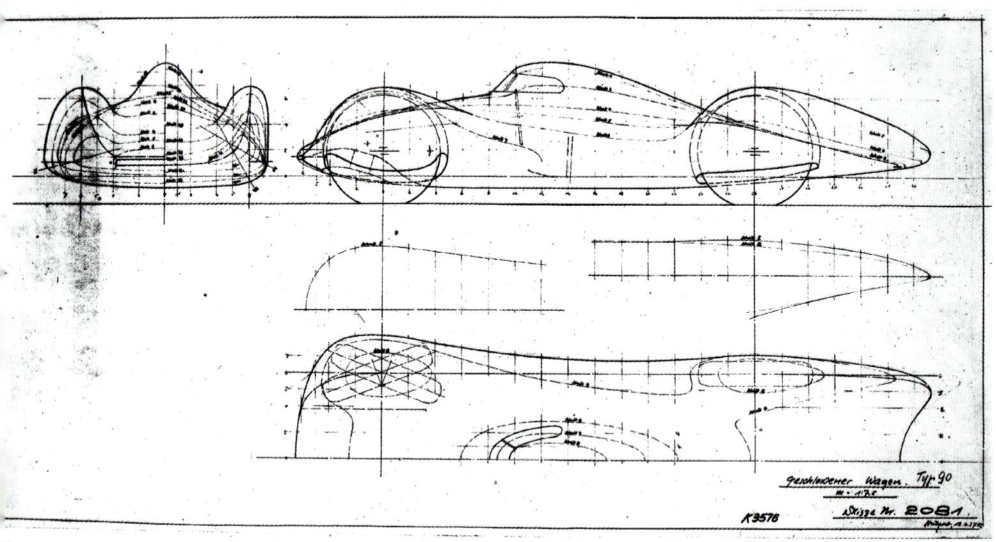

Im Frühjahr wird eine zweite Serie von dreißig Volkswagen-Versuchsfahrzeugen des Typs VW 38 aufgelegt und vom Stuttgarter Karosseriewerk Reutter & Co. mit Wagenaufbauten versehen. Pro Woche entstehen zwei Karosserien, die mit an der A-Säule angeschlagenen Türen und dem so genannten Brezelfenster ihre endgültige Form erreicht haben.

Ferdinand Porsche (links) und Karl Rabe diskutieren eine Zeichnung des VW 38.

Ab Juni finden mit dem in KdF-Wagen umbenannten Volkswagen Vergleichsfahrten mit anderen Serienfahrzeugen statt. In der ersten Juliwoche nimmt Ferry Porsche mit einer V 303 Volkswagen-Limousine sowie einem Cabriolet an einer Alpen-Vergleichsfahrt teil. Gegen Ende des Monats folgt eine zweite Vergleichsfahrt mit dem inzwischen ausgereiften VW 38.

Am 26. Juni verlässt das Konstruktionsbüro Porsche die Kronenstraße 24 und bezieht in Stuttgart-Zuffenhausen ein eigenes Gebäude. Das an der Spitalwaldstraße 2 gelegene Grundstück hatte Ferry Porsche im Firmenauftrag bereits im Mai 1937 erworben und somit zugleich den Ort des späteren Porsche Werks 1 bestimmt.

Die Prototpyen VW 38 des Porsche Typ 60 aus dem Jahr 1938 besitzen bereits die Gestalt des späteren Volkswagen.

Mit dem Projekt Typ 114 entsteht im September auf den Porsche-Zeichenbrettern ein innovativer 1,5-Liter-Mittelmotor-Sportwagen. Für den daraus abgeleiteten Rennwagentyp 116 sehen die Techniker einen wassergekühlten Zehnzylinder-V-Motor vor. Im Folgejahr macht der Kriegsausbruch jedoch alle Pläne zur Umsetzung dieser Projekte zunichte. Glücklicher ergeht es dem für das Langstreckenrennen von Berlin nach Rom vorgesehenen Typ 64, der als Urahn aller späteren Porsche-Sportwagen gilt und mit dessen Konstruktion im September begonnen wird.

Das Porsche Werk 1 in der Spitalwaldstraße 2 während des Baus 1938.

Modell des Porsche Typ 114 von 1938.

1939

Unter der Bezeichnung Typ 64 beziehungsweise Typ 60K10 entwickelt und baut die Dr. Ing. h.c. F. Porsche KG im Frühjahr drei Rennsport-Coupés für das im September des Jahres geplante Langstreckenrennen Berlin-Rom. Design und Aerodynamik sind ihrer Zeit weit voraus. Mit einer Stromlinienkarosserie aus Aluminium sowie einem modifizierten Volkswagen-Boxermotor mit 50 PS erreicht der „Berlin-Rom-Wagen" eine Spitzengeschwindigkeit von 145 km/h. Als der Kriegsbeginn die Austragung des Rennens verhindert, nutzt das Konstruktionsbüro Porsche die fertiggestellten Rennsportwagen als schnelle Reisefahrzeuge, die Durchschnittsgeschwindigkeiten von über 130 km/h erreichen.

Auf der Grundlage des Volkswagens entsteht 1938/39 der für Langstreckenrennen entwickelte Typ 64.

134

Auf der Grundlage des im Februar auf der Berliner Automobilausstellung präsentierten KdF-Wagens werden im Verlauf des Jahres weitere Fahrzeugtypen zur militärischen Nutzung vorbereitet. Neben dem Typ 81 Kastenwagen entwickelt die Porsche KG den Typ 62 Geländewagen, den als Kübelwagen bekannt gewordenen Typ 82 sowie den mit Allradantrieb ausgestatteten Typ 87.

Der luftgekühlte VW-Motor dient neben dem Fahrzeugantrieb auch als Stationärmotor, der 1939 für verschiedene Einsatzzwecke mit Magnet- sowie Batteriezündung konzipiert wird.

Anfang Dezember erhält das Porsche-Konstruktionsbüro vom Heereswaffenamt den ersten Auftrag zur Entwicklung eines mittelschweren Kampfpanzers. Die Konstruktion des Typ 100 „Leopard", für dessen benzin-elektrischen Mischantrieb zwei luftgekühlte V10-Dieselmotoren vorgesehen sind, wird im April 1941 abgeschlossen. Da Ende Mai 1941 jedoch ein schwererer Panzer benötigt wird, werden alle weiteren Arbeiten am Typ 100 vorzeitig eingestellt.

Erprobungsfahrt des mittelschweren Kampfpanzers Typ 100 „Leopard".

Der von Porsche konstruierte Allrad-Geländewagen Typ 87 bei einer Winter-Versuchsfahrt.

Ferdinand Porsche mit seinen Enkelsöhnen
Ferdinand Piëch (rechts) und Ferdinand Alexander Porsche.

1940 — MARKENBEGRÜNDUNG — 1949

„Am Anfang schaute ich mich um, konnte aber den Wagen, von dem ich träumte, nicht finden. Also beschloss ich, ihn mir selbst zu bauen."

Ferry Porsche

Der Typ 128 wird im Löschwasserteich der Porsche KG auf seine Schwimmfähigkeit getestet.

Eingangsbereich des Porsche Werkes in Stuttgart-Zuffenhausen mit VW-Prototyp W30.

1940

Im Juni erhält die Porsche KG vom Heereswaffenamt eine Entwicklungsanfrage nach einem schwimmfähigen Geländefahrzeug, das auf der Grundlage des vierradangetriebenen Typ 87 Kübelwagen entwickelt werden soll. Das erste Versuchsfahrzeug des Typ 128 VW-Schwimmwagen wird zunächst auf dem Feuerlöschteich des Porsche-Werksgeländes in Zuffenhausen erprobt. Anfang November werden drei weitere Typ 128 Schwimmwagen auf einer großen Erprobungsfahrt getestet.

Für den KdF-Wagen entwickelt die Dr. Ing. h.c. F. Porsche KG im Laufe des Jahres diverse technische Detaillösungen, darunter ein Voll-Synchron-Getriebe und eine benzin-elektrische Heizung.

Im August beginnt das Porsche Konstruktionsbüro im Auftrag der Berliner Forschungsgesellschaft für Windkraft eine Serie von Windkraftanlagen zu entwickeln. Gebaut werden drei Windturbinen in den Leistungsklassen von 130 Watt (Typ 135), 736 Watt (Typ 136) und 4500 Watt (Typ 137), die in Zuffenhausen, Schwäbisch Gmünd und Hohenheim zu Versuchszwecken aufgebaut werden. Der dreiflügelige Rotor der größten Anlage vom Typ 137 besitzt einen Durchmesser von 9,2 Metern und befindet sich auf einem 17 Meter hohen Stahlgerüst.

Versuch mit den Windturbinen Typ 137.

Für die österreichischen Steyr-Werke entwickeln die Porsche-Ingenieure eine Kraftrad-Hinterradfederung sowie eine Holzgasanlage und begutachten neben einem achtzylindrigen Steyr-Personenwagen zudem einen Allrad-Heeres-Lastwagen.

Anlässlich seines 65. Geburtstages wird Ferdinand Porsche im September 1940 vom Reichsministerium für Wissenschaft und Erziehung zum Honorarprofessor ernannt.

1941

Der Vorstand der Daimler-Benz AG schlägt dem Rüstungsministerium vor, das Porsche-Konstruktionsbüro als Berater zu engagieren. Der Reichsminister für Rüstung und Munition, Fritz Todt, setzt daraufhin im Juni Professor Ferdinand Porsche als Leiter der Panzerkommission ein.

Im Rahmen der Umstellung auf Kriegswirtschaft kommt es zwischen 1941 und 1944 im Stammwerk Zuffenhausen zum Einsatz von unfreiwillig Beschäftigten. Im Zeitraum von 1941 bis 1944 werden mehr als 400 Fremd- und Zwangsarbeiter beschäftigt. Die meisten darunter sind Fachkräfte, die etwa als Dreher, Fräser oder Mechaniker arbeiten. Die Menschen sind in einfachen Holzbaracken untergebracht, die auf und im Umfeld des Werksgeländes errichtet werden. Auch aus Sammellagern in der Umgebung von Zuffenhausen werden wiederholt Zwangsarbeiter angefordert. Als kleines Unternehmen mit wenigen hundert Mitarbeitern hat die Porsche KG bezüglich der Behandlung der Zwangsarbeiter vergleichsweise mehr Spielraum als größere Unternehmen.

Mit dem Typ 101 „Tiger“ beteiligt sich die Porsche KG an einer Ausschreibung des Heereswaffenamtes für die Konstruktion eines Panzers in der Gewichtsklasse über 50 Tonnen. Für die serienreife Entwicklung des völlig neuen, luftgekühlten Zehnzylinder-Dieselmotors mangelt es jedoch an Zeit, sodass die um den Auftrag konkurrierende Firma Henschel den Zuschlag erhält.

Der Typ 101 bei Versuchsfahrten im Jahr 1941.

Der Typ 112 Volkstraktor entsteht als Weiterentwicklung des Schleppers Typ 111 mit vergrößertem Motor und einem entsprechend angepassten Getriebe. Der luftgekühlte Zweizylinder-V-Motor verfügt über einen Hubraum von 1700 ccm und besitzt eine Leistung von 15 PS.

Porsche „Volkstraktor" Typ 112 aus dem Jahr 1941.

Die Erprobung und Weiterentwicklung der Typen 128 Schwimmwagen und 138 Geländewagen führen zur Konzeption des kleineren Versuchsfahrzeugs Typ 166 Kradschützenwagen mit verkürztem Radstand. Durch seine kompakte Bauweise lediglich 900 Kilogramm schwer, soll der Typ 166 als Alternative zu Motorradgespannen dienen.

Der Typ 166 entsteht als verkürzte Version des Typ 128 „VW-Schwimmwagen".

1942

In Ermangelung an militärischen Zugmaschinen mit hoher Bodenfreiheit erhält die Porsche KG im Januar den Auftrag zur Entwicklung des Typ 175 Ostrad-Schlepper. Mit seinen übergroßen Rädern ähnelt der Typ 175 dem während des Ersten Weltkriegs von Ferdinand Porsche konstruierten Austro-Daimler Mörserzugwagen.

Ferdinand Porsche nach einer Testfahrt mit dem Porsche Typ 175 „Ostrad-Schlepper".

Im März erhält Ferdinand Porsche den Auftrag zur Konstruktion eines überschweren Panzerkampfwagens vom Typ 205 „Maus", der mit einer Panzerung von 240 Millimetern als fahrende Bunkeranlage eingesetzt werden soll. Nach Abschluss der Entwurfsarbeiten beträgt das Gesamtgewicht des benzin-elektrisch angetriebenen Panzers stolze 189 Tonnen. Insgesamt werden jedoch nur zwei Prototypen der „Maus" gebaut, die 1944 und 1945 erprobt werden.

Auf Basis des Panzers vom Typ 101 „Tiger" wird unter der internen Bezeichnung Typ 131 „Ferdinand" ein mit zwei wassergekühlten Maybach-Dieselmotoren ausgestatteter Jagdpanzer entwickelt.

Typ 131 „Ferdinand".

Querschnittzeichnung durch den Panzermotor Porsche Typ 220.

Unter der Konstruktionsbezeichnung Typ 220 wird mit einem luftgekühlten 16-Zylinder-Dieselmotor mit Kraftstoff-Direkteinspritzung begonnen, der mit 36,8 Liter Hubraum und Abgas-Turboaufladung bis zu 800 PS leisten soll. Bis zum Kriegsende werden jedoch nur zwei Versuchsmotoren des Typ 220 hergestellt.

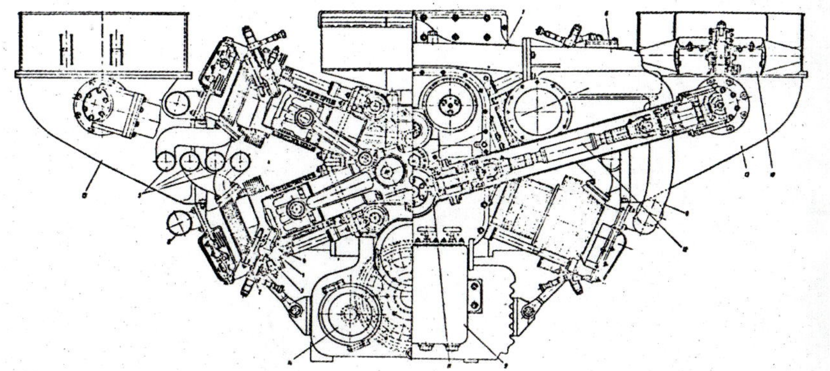

1943

Fliegeralarm und Luftangriffe erschweren die Arbeit der Porsche KG an den im Jahr 1943 durchgeführten Auftragsentwicklungen. Größte Priorität besitzt der Panzerkampfwagen vom Typ 205 „Maus". In diesem Zusammenhang kooperiert Porsche eng mit der Daimler-Benz AG, die den 1080 PS starken, wassergekühlten Zwölfzylinder-Reihenmotor vom Typ DB 509 beisteuert. Ein Holzmodell der „Maus" im Maßstab 1:1 wird Hitler im Mai vorgeführt. Der erste Prototyp wird Ende Dezember fertiggestellt und absolviert eine inoffizielle Probefahrt. Die offizielle Erprobung des Panzers Typ 205 „Maus" findet von Mitte Januar bis Ende Oktober 1944 auf dem Gelände der Panzerkaserne Böblingen statt.

Der Typ 205 „Maus" war als „beweglicher Bunker" konzipiert, kam jedoch nie zum Einsatz.

Für den Typ 82 Kübelwagen entsteht unter der Typnummer 155 eine Schneekettenlaufeinrichtung, die innerhalb kurzer Zeit montiert werden kann. Eine Serienfertigung der Schneeraupe findet wegen der kriegsbedingten Material- und Rohstoffknappheit jedoch nicht statt.

Porsche Typ 155 bei Versuchsfahrten in Zell am See am 7. März 1944.

Auf dem Rangiergleis des Stuttgarter Hauptbahnhofs werden im August Probefahrten mit dem Schienenfahrzeug Typ 157 durchgeführt. Die Basis dieses Fahrzeugs bildet der Kübelwagen vom Typ 82 beziehungsweise Typ 87. Damit die Versuchswagen auch auf Eisenbahnschienen fahren können, werden an den Radinnenseiten Schienenleiträder montiert.

Nach Differenzen mit Rüstungsminister Albert Speer über technische Grundsatzfragen wird Ferdinand Porsche im Oktober der Vorsitz der Panzerkommission entzogen.

Ferdinand Porsche.

1944

Mehr denn je wird das Leben der Porsche-Mitarbeiter durch die schweren Luftangriffe auf Stuttgart geprägt. Auf Drängen des Rüstungskommandos der Wehrmacht lagert die Porsche KG im Herbst das Konstruktionsbüro von Stuttgart nach Gmünd in Kärnten aus. Auf dem Gelände der „W. Meineke Holzgroßindustrie Berlin-Gmünd" werden unter Leitung von Oberingenieur Karl Rabe Behelfswerkstätten aufgebaut. Das Materiallager findet seinen Platz auf dem Areal einer Fliegerschule im nahe gelegenen Zell am See. In eine Vielzahl von Arbeitsstätten und Unterkünften aufgesplittert, erhält das neue Porsche-Werk von den Mitarbeitern den Beinamen „Vereinigte Hüttenwerke".

Im österreichischen Gmünd zieht die Porsche KG in die Firmengebäude eines ehemaligen Sägewerks.

Zu einem der ersten in Gmünd realisierten Projekte zählt die Entwicklung einer Gasturbine (Typ 305) mit einer Wellenleistung von 1.000 PS. Die zum Antrieb eines Panzerfahrzeugs konzipierte Turbine soll jedoch kriegsbedingt das Entwurfsstadium nicht überschreiten.

Daneben beschäftigen sich die Porsche-Ingenieure mit einer Generatorgasanlage (Typ 230) sowie der Neuentwicklung eines Zweitakt-Dieselmotors (Typ 309) für den Volkswagen. Unter der Bezeichnung Typ 287 wird in Zuffenhausen das Fahrgestell des „Kommandeurwagens" auf Basis des allradangetriebenen Typ 87 konstruiert.

Der allradgetriebene Porsche Typ 287 „Kommandeurwagen".

Nachdem im Februar und April zunächst nur leichte Bombenschäden zu beklagen sind, wird das Porsche-Werk in der Spitalwaldstraße in der Nacht vom 19. auf den 20. Oktober Opfer eines heftigen Luftangriffs. Neben dem Volkswagen-Ersatzteilmagazin wird das technische Zeichnungs- und Aktenarchiv getroffen, das erst kurz zuvor von einem Dachboden in den Keller des Gebäudes Nr. 2 ausgelagert worden war.

1945

Nach Kriegsende werden die Zuffenhausener Werksanlagen der Dr. Ing. h.c. F. Porsche KG im Juni vom französischen Militär zunächst als Durchgangslager für zu repatriierende russische Kriegsgefangene genutzt. Im August übernimmt eine amerikanische Einheit das nun zur Reparaturwerkstätte für Lastwagen umfunktionierte Werk.

Deutsche Angestellte der US-Armee vor dem Werk 1 in Zuffenhausen.

Das Porsche-Werk in Gmünd erhält am 8. August durch die alliierte Militärregierung in Klagenfurt eine provisorische Bewilligung zur Wiederaufnahme der Arbeit. Den rund 140 Porsche-Mitarbeitern unter Leitung von Oberingenieur Karl Rabe wird es gestattet, „Entwürfe von Motor-Traktoren, Gaserzeugern und anderen zivilen Einrichtungen“ durchzuführen sowie „Motorfahrzeuge und landwirtschaftliche Maschinen“ zu reparieren. Das Spektrum der Konstruktionsarbeiten reicht von Seilzugmaschinen über Wasserturbinen bis hin zu Baubeschlägen und Skibindungen.

Ferdinand Porsche wird Anfang August auf Anordnung der alliierten Militärregierung in Gmünd verhaftet und auf Schloss Kransberg bei Bad Nauheim in einem „Special Detention Camp“ interniert. Aufgrund entlastender Zeugenaussagen wird er bereits Mitte September entlassen.

Ferdinand Porsche wenige Monate vor seiner Verhaftung im Jahre 1945.

Mitte November folgt Ferdinand Porsche der Einladung einer französischen Kommission nach Baden-Baden, um eine Fortsetzung des Volkswagen-Projekts in Frankreich zu besprechen, der von Renault hätte produziert werden sollen. Renaults Konkurrent Peugeot will dies verhindern und beschuldigt Porsche, aufgrund der Aufsicht des Volkswagenwerks über die Peugeot-Werke an Kriegsverbrechen beteiligt gewesen zu sein. Wegen dieser Beschuldigung nimmt die französische Militärjustiz Porsche im Dezember 1945 in Gewahrsam. Fortan lenkt sein Sohn Ferry Porsche die Geschicke des Unternehmens.

1946

Ferdinand Porsche wird im Mai nach Paris gebracht. Als Gefangener berät er dort zunächst französische Ingenieure bei der Entwicklung des Renault 4 CV.

Der Schweizer Rupprecht von Senger kontaktiert das Gmünder Porsche-Konstruktionsbüro im Juni mit der Anfrage nach einem viersitzigen Personenwagen, der darauf mit Erlaubnis der britischen Militärbehörden unter der Porsche-Typennummer 352 konstruiert wird. Es entsteht ein Miniaturmodell, dessen von Erwin Komenda entworfene Karosserieform bereits auffallend dem späteren Porsche 356 gleicht.

Der Konstrukteur Erwin Komenda gehörte seit 1931 zu den wichtigsten Mitarbeitern des Konstruktionsbüros Porsche.

Im August nimmt die Firma Porsche an der Kärntner Industrie- und Gewerbeausstellung teil. Erstmals unter eigenem Namen wird die in Gmünd gefertigte Produktpalette präsentiert, darunter Wasserturbinen, Seilwinden, Skilifte, Mähfinger sowie verschiedene auf dem „Volkstraktor" beruhende Schleppertypen.

Auf Vermittlung von Karl Abarth und Rodolfo Hruska gelingt am 15. Dezember der Vertragsabschluss mit dem Turiner Industriellen Piero Dusio über umfangreiche Entwicklungsaufträge für die Firma Cisitalia. Neben einem kleinen Traktor und einer Wasserturbine beginnt die Gmünder Porsche KG mit der Konstruktion des Typ 360 Cisitalia Grand-Prix-Rennwagens sowie des zweisitzigen Typ 370 Mittelmotor-Sportwagens.

Stand der Porsche KG auf der Industrie- und Gewerbeausstellung in Klagenfurt vom 8. bis 22.8.1946.

Modell des Typ 370 für das italienische Unternehmen Cisitalia.

1947

Unter Hochdruck arbeiten die Konstrukteure der Gmünder Porsche KG am Grand-Prix-Rennwagen Typ 360. Das für die Cisitalia entwickelte Fahrzeug ist seiner Zeit weit voraus: Als Antrieb sieht man einen 1,5-Liter-Zwölfzylindermotor mit Kompressoraufladung vor, die Kraftübertragung erfolgt über

Als Antrieb des allradgetriebenen Typ 360 dient ein Kompressor-Zwölfzylindermotor.

einen zuschaltbaren Vierradantrieb. Für den Tourensportwagen Typ 370 ist ein 2-Liter-Achtzylinder-Boxermotor vorgesehen, mit dem der Wagen bei Langstreckenrennen wie der Mille Miglia an den Start gehen soll. Aufgrund von Kapitalmangel des italienischen Auftraggebers kommt der Cisitalia-Rennwagen jedoch nie über ein Versuchsstadium hinaus.

Um der drohenden Enteignung deutschen Firmeneigentums vorzubeugen, wird am 1. April die österreichische Porsche Konstruktionen GmbH mit Sitz in Gmünd gegründet und am 24. April offiziell in das Handelsregister eingetragen. Die neue Gesellschaft unter Führung von Porsches Tochter Louise Piëch

Ferdinand Porsche (links) und Karl Rabe.

und Oberingenieur Karl Rabe übernimmt sowohl die Belegschaft wie auch den Maschinenpark der in Österreich ansässigen Teilbereiche der Dr. Ing. h.c. F. Porsche KG.

Im Mai 1947 endet die Protektion von Ferdinand Porsche durch das französische Produktionsministerium. Porsche muss einige Monate im Militärgefängnis in Dijon verbringen. Da sich die Anklagepunkte als haltlos entpuppen, kommt er im Juli 1947 gegen Zahlung einer Kaution frei und wird im Mai 1948 offiziell freigesprochen.

Am 17. Juli beginnen die Konstruktionsarbeiten am Typ 356 „VW-Sportwagen“. Auf der Grundlage des Typ 64 Berlin-Rom-Wagens aus dem Jahr 1938 entstehen erste Zeichnungen des Aufbau-Entwurfs für ein Karosseriemodell.

Zeichnung des 356 „Nr. 1“ Roadster vom Juli 1947.

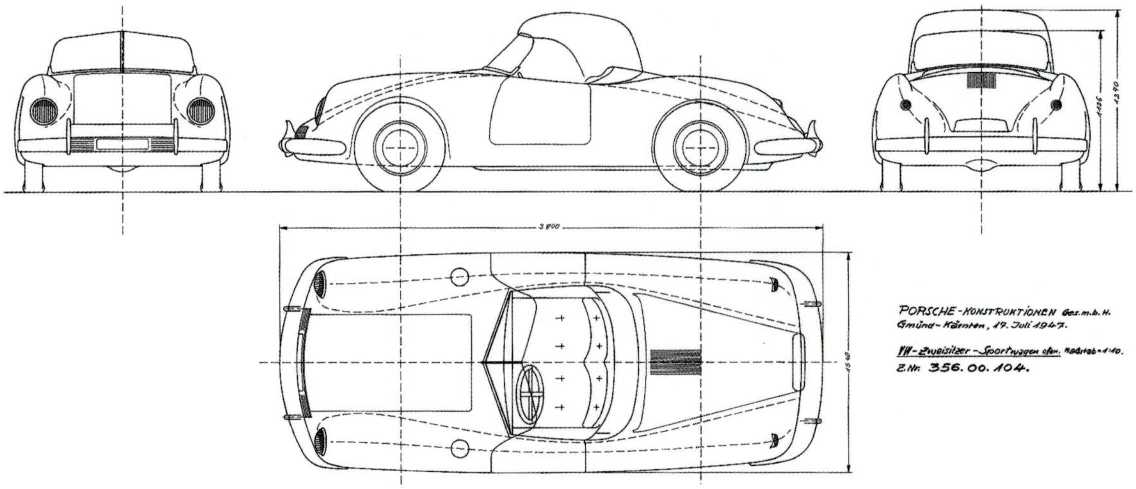

1948

Im Frühjahr werden die für die Konstruktionsnummer 356 ausgefertigten Entwürfe realisiert. Es entsteht der erste Sportwagen unter dem Namen Porsche. Am 8. Juni erhält der 356 „Nr. 1“ Roadster mit der Fahrgestellnummer 356-001 seine allgemeine Betriebserlaubnis von der Kärntner Landesregierung. Als Mittelmotor-Sportwagen mit einem auf 26 kW (35 PS) gesteigerten Volkswagen-Motor ausgerüstet, erreicht das nur 585 Kilogramm wiegende Einzelstück eine Höchstgeschwindigkeit von 135 km/h.

Ferdinand Porsche (rechts), Sohn Ferry (Mitte) sowie Erwin Komenda (links) neben dem Porsche 356 „Nr. 1“ Roadster.

Von Beginn an nutzt der Sportwagenhersteller Porsche den Rennsport als Erprobungsplattform für neue Fahrzeugtypen. Mit Herbert Kaes am Steuer dreht der Porsche 356 „Nr. 1“ Roadster am 11. Juli beim Stadtrennen in Innsbruck eine schnelle Demonstrationsrunde.

Herbert Kaes pilotiert den 356 „Nr. 1“ Roadster in Innsbruck.

Bereits parallel zur Entwicklung der „Nr. 1“ entsteht eine Coupé-Version mit Heckmotor. Der erste Wagen des Typs 356/2 erhält am 7. August die Typenbescheinigung durch den Landeshauptmann in Klagenfurt. Während der Roadster ein Einzelstück bleibt, bildet der 356/2 als Coupé und Cabriolet die Basis für den späteren Erfolg der jungen Sportwagenmarke Porsche.

Die weitere Produktion in Handarbeit der Porsche 356/2 läuft noch in der zweiten Jahreshälfte an. Das notwendige Kapital sowie fehlende Ersatzteile und Bleche stellt der Schweizer Unternehmer Rupprecht von Senger zur Verfügung, der zugleich die ersten

Produktion der ersten Porsche 356 im Montage-Hauptgebäude in Gmünd in Kärnten um 1948.

fünf Porsche-Sportwagen abnimmt, um diese in die Schweiz zu exportieren. Zusammen mit dem Hotelier und Autohändler Bernhard Blank legt er den Grundstein für die spätere Zusammenarbeit von Porsche mit der Schweizer AMAG Automobil- und Motoren AG.

Im September handelt Ferry Porsche mit Heinrich Nordhoff, dem Geschäftsführer und späteren Generaldirektor der Volkswagenwerk GmbH, in Bad Reichenhall einen zukunftsweisenden Vertrag aus. Zuvor war das Volkswagenwerk im Juni 1945 von der britischen Militärregierung übernommen worden und hatte unter der Leitung von Major Ivan Hirst mit der Automobilproduktion begonnen. Neben einer künftigen Lizenzgebühr von 5 DM pro gefertigten VW Käfer verpflichtet sich Volkswagen nun zur Lieferung von Bauteilen für Porsche-Sportwagen und gestattet ferner die Nutzung der VW-Vertriebsorganisation und des Service-Netzes. Im Gegenzug stehen die Porsche-Ingenieure der Wolfsburger Entwicklungsabteilung beratend zur Seite. Die Kooperation mit der Volkswagenwerk GmbH führt zu diversen Detailverbesserungen am VW Käfer, von dem allein bis 1955 eine Million Exemplare gebaut werden. 1949 kommt die Volkswagenwerk GmbH unter Treuhandschaft der Bundesrepublik Deutschland und des Landes Niedersachsen.

Ferry Porsche (rechts) und Heinrich Nordhoff, Generaldirektor des Volkswagenwerks, im Gespräch.

1949

In Salzburg wird zum Jahresbeginn ein zentrales Büro zur Steuerung von Import, Vertrieb und Kundendienst für den Volkswagen in Österreich eingerichtet. Am 14. Mai folgt die Gründung der Porsche-Salzburg Ges.m.b.H. durch Anton Piëch und seiner Ehefrau Louise Piëch.

Das erste Cabriolet vom Typ 356, ausgerüstet mit einem Aufbau des Schweizer Karosseriebauers Beutler, wird im Februar fertig gestellt. Zusammen mit dem ersten Typ 356 Coupé stellt Porsche die Sportwagen am 17. März auf dem Genfer Automobilsalon aus.

Der Porsche-Stand auf dem Automobilsalon Genf im Jahr 1949.

Der niederländische Automobilhändler Ben Pon wird zum weltweit ersten offiziellen Importeur von Porsche Sportwagen.

Die Entnazifizierung Ferdinand Porsches in Deutschland erfolgt im Sommer 1949. Die Zentralspruchkammer für Nord-Württemberg stuft ihn dabei trotz NSDAP-Mitgliedschaft als „nicht belastet" ein, weil er keine politischen oder organisatorischen Parteiämter bekleidet hatte.

Aufgrund der beengten Verhältnisse in Gmünd wird bei der Porsche Konstruktionen GmbH eine Rückkehr von Porsche in die Autostadt Stuttgart angestrebt. Da das Werk in der Spitalwaldstraße 2 jedoch noch immer durch das amerikanische Militär besetzt ist, wird in der Stuttgarter Porsche-Villa am Feuerbacher Weg ein Büro und eine kleine Werkstatt eingerichtet.

Am 26. November wird zusätzlich zur Dr. Ing. h.c. F. Porsche KG die Stuttgarter Porsche Konstruktionen

Albert Prinzing leitet maßgeblich die Rückkehr der Porsche KG nach Stuttgart.

GmbH gegründet, deren Geschäftsleitung in den Händen von Ferry Porsche und dessen Schulfreund Albert Prinzing liegt. Nur wenig später mietet die Porsche eine 600 Quadratmeter große Halle der Stuttgart-Zuffenhausener Karosseriewerke Reutter & Co. GmbH an und beginnt mit der Produktionsvorbereitung für den Typ 356. Das Karosseriewerk Reutter erhält im Gegenzug den Auftrag über die Fertigung von 500 Rohkarosserien in Stahlbauweise.

Nachdem der italienische Industrielle Piero Dusio auf die Produktion des Porsche-Schleppers Typ 323 verzichtet hatte, beschäftigt sich die Porsche GmbH mit Bau und Erprobung des Schleppers Typ 313 mit luftgekühltem Zweizylinder-Dieselmotor. Die ausgereifte Konstruktion wird im November durch den Göppinger Landmaschinenhersteller Allgaier erworben und zwischen 1949 und 1957 in mehr als 25.000 Einheiten produziert.

Zeichnung des Schleppers von März 1946.

Stirling Moss beim Le-Mans-Start zum
1000-Kilometer-Rennen von Buenos Aires 1958.

1950 — PORSCHE WELTWEIT — 1959

„Wenn ich nicht mindestens fünf Autos pro Woche verkaufen kann, bin ich nicht interessiert."

Maximilian E. Hoffman

1950

Mit dem Umzug in die württembergische Landeshauptstadt erlischt die österreichische Porsche Konstruktionen GmbH, und das Unternehmen firmiert wieder unter dem Namen Dr. Ing. h.c. F. Porsche KG. Die Liquidation der Stuttgarter Porsche Konstruktionen GmbH folgt zwei Jahre darauf.

Ab März werden in Stuttgart die ersten Porsche-Sportwagen produziert und zu einem Preis von 10.200 DM für das Coupé angeboten. Der erste deutsche Porsche-Händler wird der Frankfurter Walter Glöckler.

Im Frühjahr präsentiert Albert Prinzing im Wolfsburger Volkswagenwerk den VW-Großhändlern und Importeuren einen Typ 356 Coupé sowie ein Cabriolet aus der schwäbischen Produktion. Mit 37 Bestellungen kehrt er nach Zuffenhausen zurück und sichert mit den Anzahlungen in Höhe von 200.000 DM den Produktionsanlauf. In Zusammenarbeit mit dem Stuttgarter Karosseriewerk Reutter werden bis zum Jahresende 369 Porsche-Sportwagen gebaut. Zuvor waren zwischen 1948 und 1950 im Gmünder Werk – zusätzlich zur „Nr. 1" – 52 Fahrzeuge des Porsche Typ 356/2 mit Leichtmetallkarosserie entstanden.

Fertigstellung des ersten in Stuttgart gebauten Porsche 356 am 6. April 1950.

Das Gmünder Konstruktionsbüro kehrt im Juli vollständig nach Stuttgart zurück. Da das ehemalige Porsche-Betriebsgelände noch immer von den Amerikanern besetzt ist, werden die Konstrukteure zunächst in provisorischen Räumlichkeiten untergebracht, wo sie Ende Juli mit der Konstruktion des für Porsche richtungsweisenden 1,5-Liter-Motors (Typ 502) beginnen.

Ferry Porsche (rechts unten) mit seinem Vater Ferdinand Porsche im Porsche Konstruktionsbüro in Stuttgart-Zuffenhausen.

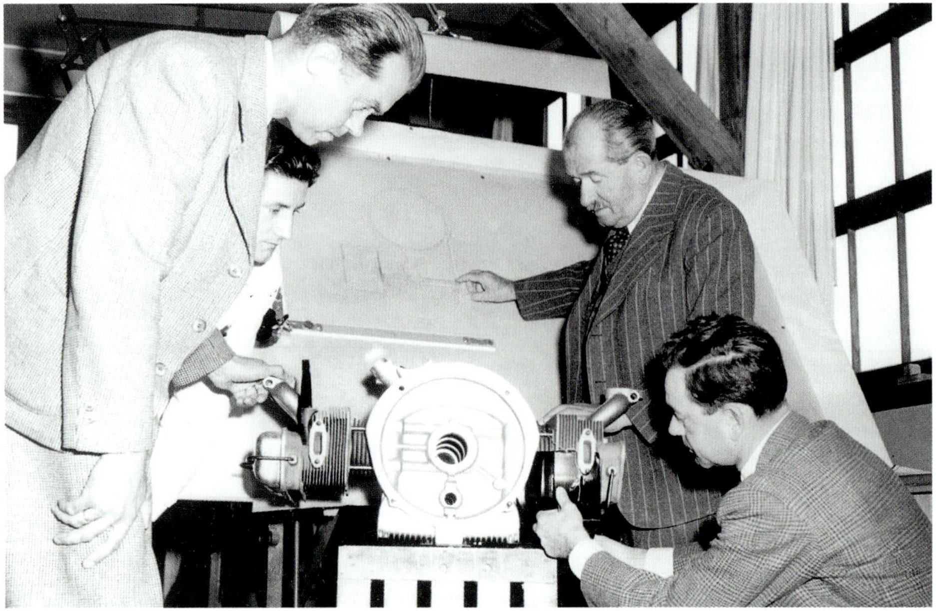

Auf Vermittlung des Schweizer Journalisten Max Troesch kommt es im Oktober auf dem Pariser Automobilsalon zu einer entscheidenden Begegnung zwischen Professor Ferdinand Porsche und dem amerikanischen Automobilimporteur Maximilian E. Hoffman. Als Repräsentant verschiedener europäischer Automobilmarken verfügt Hoffman an der amerikanischen Ostküste über ein eigenes Händlernetz und präsentiert den Porsche 356 noch im selben Jahr in New York.

Ferry Porsche (links) und der amerikanische Importeur Maximilian E. Hoffman in New York.

1951

Ferdinand Porsche im Jahr 1950.

Der Firmengründer und Automobilkonstrukteur Prof. Dr. h.c. Ferdinand Porsche stirbt am 30. Januar im Alter von 75 Jahren. Seine letzte Ruhe findet er in der Grabkapelle auf dem familieneigenen Schüttgut in Zell am See.

Auf dem Genfer Automobilsalon wird am 14. März eine offizielle Vereinbarung der Porsche KG mit der AMAG über den Export von Porsche-Sportwagen in die Schweiz getroffen und diese am 5. April durch einen Generalvertretungsvertrag ergänzt.

Zunehmend gewinnt der Motorsport an Bedeutung für den jungen Automobilhersteller Porsche. Nach einem Erfolg bei der Internationalen Alpenfahrt durch Otto Mathé im Vorjahr macht Porsche im Juni durch einen Klassensieg beim 24-Stunden-Rennen in Le Mans international auf sich aufmerksam. Auf einem Porsche 356 SL gewinnt der französische Porsche-Importeur und Generalvertreter Auguste Veuillet zusammen mit Edmond Mouche die 1,1-Liter-Wertung. Als ebenfalls viel beachtet gilt der im August erzielte Klassensieg des Teams Paul von Guilleaume und Heinrich Graf von der Mühle bei der Fernfahrt Lüttich-Rom-Lüttich.

Auf dem im Herbst stattfindenden Automobilsalon in Paris sorgt die 72-Stunden-Rekordfahrt eines Porsche 356 Leichtmetall-Coupés für erhebliches

Auguste Veuillet und Edmond Mouche erringen den ersten Klassensieg für Porsche in Le Mans.

Der 356 SL während seiner 72-stündigen Rekordfahrt im französischen Montlhéry.

Aufsehen. Auf der südlich von Paris gelegenen Rennstrecke von Montlhéry erzielt ein Rennfahrer-Team elf internationale Klassenrekorde und mit einem Durchschnittstempo von 152,34 km/h zugleich einen neuen Weltrekord.

Auf Basis des 356 entsteht erstmals ein Porsche-Viersitzer. Der Typ 530 kommt allerdings nie über das Prototyp-Stadium hinaus.

Der erste Viersitzer-Versuch war der Typ 530.

Mit insgesamt 1.364 produzierten Fahrzeugen der Baureihe 356 ist das Jahr 1951 für die Porsche KG höchst erfolgreich. Zum Jahresende steigt die Zahl der Porsche-Belegschaft auf 214 Mitarbeiter an, der Umsatz beträgt mehr als 11 Millionen DM. Für das Folgejahr wird das Fahrzeugangebot neben dem Coupé und Cabriolet um den leichten America Roadster (Typ 540) erweitert. In Kleinserie produziert, richtet sich dieses Modell an amerikanische Kunden mit Motorsportambitionen.

Porsche 356 America Roadster im Jahr 1953 auf der Zielgeraden beim Flugplatz-Rennen in Chanute, USA.

1952

Zum Jahresbeginn erscheint erstmals das Porsche-Kundenmagazin Christophorus, die „Zeitschrift für die Freunde des Hauses Porsche". Chefredakteur ist der bekannte Journalist und Rennfahrer Richard von Frankenberg. Die künstlerische Gestaltung übernimmt der Stuttgarter Grafiker Erich Strenger.

Der von Porsche seit 1952 herausgegebene „Christophorus" gilt als die erste Kundenzeitschrift ihrer Art.

Bei einer Reise von Ferry Porsche in die USA im Jahr 1951 bittet der Importeur Max Hoffman um ein Qualitätssiegel mit einem Bezug zu „Stuttgart oder ähnlich" als identitätsstiftendes Markenzeichen, das dem amerikanischen Publikum die europäische Herkunft der Fahrzeuge verdeutlichen sollte. Nach der Reise zeichnet Konstrukteur Franz Xaver Reimspieß Anfang 1952 den ersten Entwurf des Porsche-Wappens, welches Identität, Qualität und Dynamik zugleich ausdrücken sollte. Nach der Eintragung beim Deutschen Patentamt tritt das Porsche-Wappen erstmals noch 1952 auf der Lenkradnabenabdeckung in Erscheinung, ab November 1954 ziert es auch den Fronthaubengriff des Porsche 356 Speedster und ist heutzutage als Erkennungsmerkmal der Fahrzeuge aus Zuffenhausen nicht mehr wegzudenken.

Die Originalzeichnung des Porsche-Wappens von Franz Xaver Reimspieß aus dem Jahr 1952.

Als erster offizieller Zusammenschluss von privaten Porsche-Fahrern wird im Mai der später in Porsche Club Westfalen umbenannte Porsche Club Hohensyburg gegründet.

Im Juni erhält die Porsche KG einen Entwicklungsauftrag des amerikanischen Automobilherstellers Studebaker. Während der zwei Jahre andauernden Kooperation entwickelt Porsche mit dem Typ 542 eine moderne viertürige Limousine, die jedoch aufgrund von Kapitalmangel seitens des amerikanischen Auftraggebers nicht zur Serienfertigung geführt werden kann.

Porsche Typ 542 (Studebaker) vor dem Schloss Solitude.

Nach der Präsentation eines vollsynchronisierten Porsche-Getriebes mit Ringsynchronisierung (Typ 519) auf dem Genfer Automobilsalon wird im Juli dessen Produktion aufgenommen. Bis zum Jahr 1968 entstehen in Lizenzfertigung von diesem Typ weltweit über eine Million Synchrongetriebe.

Das Porsche-Getriebe mit Ringsynchronisierung sollte richtungsweisend für den Automobilbau werden.

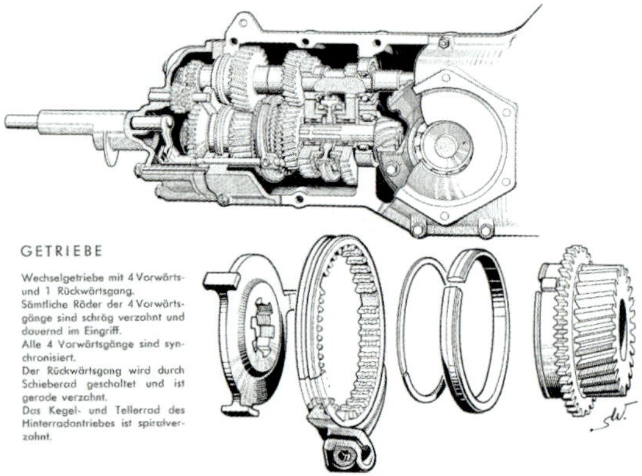

Der Porsche 356 stellt seine Zuverlässigkeit bei zahlreichen Rennveranstaltungen unter Beweis und gewinnt die Deutsche Sportwagenmeisterschaft. Beim Internationalen Eifelrennen auf dem Nürburgring siegt auf Anhieb ein privater Glöckler-Porsche, bei den 24 Stunden von Le Mans stellen Auguste Veuillet und Edmond Mouche einen neuen Klassenrekord auf. Die Langstreckenrallye Lüttich-Rom-Lüttich wird ebenfalls von Porsche dominiert – unter den ersten zehn Fahrzeugen befinden sich fünf Wagen des Typ 356.

Der Porsche 356 beweist 1952 seine Zuverlässig- und Renntauglichkeit bei prestigeträchtigen Rennveranstaltungen.

Im November wird die Automobilproduktion in der neben der Firma Reutter gelegenen neuen Haupthalle des Werks 2 aufgenommen. Zum Jahresende erfolgt der Einzug der Geschäftsleitung samt Konstruktions- und Verkaufsabteilung. Die Gebäudeplanung der

Die Fahrzeugmontage Halle im Werk 2 kurz nach ihrer Fertigstellung im Jahr 1952.

Werkhalle stammt von Rolf Gutbrod, der seit 1946 in Stuttgart als selbstständiger Architekt wirkt und später Weltruf erlangt.

1953

An der XX. Mille Miglia beteiligen sich im April 1953 insgesamt 18 Porsche-Sportwagen aus sechs Ländern, die allesamt nach 1600 Kilometern das Ziel in Brescia erreichen und dabei sowohl in der 1,3-Liter- wie auch 1,5-Liter-Hubraumklasse siegen.

Nach der Mille Miglia wirbt Porsche mit neuen Streckenrekorden.

In Le Mans gehen erstmals zwei Porsche 550 mit den Fahrerteams Helm Glöckler und Hans Herrmann sowie Richard von Frankenberg und Paul Frère an den Start. Bei einer Durchschnittsgeschwindigkeit von 138,8 km/h holt der mit geschlossenem Aufbau versehene Rennwagen nicht nur die ersten beiden Plätze der 1,5-Liter-Hubraumklasse, sondern überbietet auch den bisherigen Klassenrekord um 16 km/h.

Aus aerodynamischen Gründen starten die beiden 550 Spyder bei den 24 Stunden von Le Mans mit einem aufgesetzten Dach.

Die ersten Einsätze des von Porsche-Ingenieur Ernst Fuhrmann konstruierten Viernockenwellenmotors Typ 547 auf der Rennstrecke finden Anfang August am Nürburgring im Training für das Rennen der Sportwagenklasse statt. Im Oktober wird der Motor auf

dem Pariser Automobilsalon erstmals der Öffentlichkeit präsentiert. Neben dem Rennsportfahrzeug Porsche 550 wird der Carrera-Motor auch in den späteren Carrera-Versionen des 356 zum Einsatz kommen.

Porsche 550 Spyder mit dem als Renntriebwerk konstruierten Carrera-Motor Typ 547.

Einen krönenden Abschluss des Porsche-Rennsportjahres besiegeln die Titelgewinne der Deutschen Sportwagenmeisterschaft durch Richard Trenkel in der 1,1-Liter-Klasse und Hans Herrmann in der 1,5-Liter-Klasse.

In der Rennsaison 1953 kann die Porsche KG zahlreiche Klassen- und Gesamtsiege erzielen.

Neben der Weiterentwicklung der Sportwagentypen beschäftigen sich die Porsche-Konstrukteure mit diversen Aufträgen. So wird im Herbst dem Volkswagen-Generaldirektor Heinrich Nordhoff mit dem Typ 534 ein VW-Prototyp mit selbst tragender Bauweise und verkürztem Radstand vorgeführt.

Im Dezember beginnt die Entwicklung des Typ 597 „Jagdwagen“, der im Zuge einer Bundeswehr-Ausschreibung als schwimmfähiges Allradfahrzeug konstruiert wird. Aus arbeitsmarktpolitischen Gründen wird der öffentliche Auftrag jedoch an die Auto Union vergeben.

Fahrversuche mit dem Typ 597.

1954

In aller Welt nehmen Porsche-Enthusiasten 1954 an Rennsportveranstaltungen teil und machen die Marke Porsche mit 206 Rallye- und 214 Rennerfolgen zu einem Synonym für Sportlichkeit. Bei der schwedischen Rallye zur Mitternachtssonne gewinnt Carl-Gunnar Hammarlund auf einem Typ 356 das Gesamtklassement. Beim 12-Stunden-Rennen von Reims erringen Helmut Polensky und Richard von Frankenberg sowie Auguste Veuillet und Jacky Olivier auf ihren Porsche 550 Spyder die ersten beiden Klassen-Ränge. Neben einem Vierfachsieg auf dem Nürburgring wird erneut die Rallye Lüttich-Rom-Lüttich zu einem Porsche-Festival, als sich neben dem Gesamtsieger unter den ersten elf Fahrzeugen sechs aus dem Hause Porsche befinden. Weitere Höhepunkte bilden der Deutsche Sportwagenmeistertitel von Hans Herrmann, der Gewinn der Sportwagen-Kategorie bei der Tour de France durch Claude Storez und Herbert Linge sowie die Klassensiege bei der Mille Miglia (Herrmann/Linge) und bei der Carrera Panamericana (Herrmann/Linge). Dieser Erfolg gegen die starken Gegner bringt dem Viernockenwellenmotor den Beinamen Carrera ein, der auf Spanisch Rennen bedeutet. Dieser Name wurde schon bald für entsprechende 356 mit dem Viernockenwellenmotor in der Namensbezeichnung eingeführt, und auch der Porsche 911 mit seinem Sechszylinder-Boxer trägt den Namen bis heute mit Stolz.

Neben Werksteams können auch Privatfahrer auf Porsche triumphieren.

Obwohl die Erprobung des Porsche Typ 597 durch die Bundeswehr erfolgreich verläuft, entscheidet sich eine Regierungskommission am Jahresende gegen den Allrad-Geländewagen aus Zuffenhausen. Da das Porsche-Werk mit der Sportwagenproduktion ausgelastet ist, entschließt man sich letztendlich gegen eine zivile Version des Typ 597 und so bleibt es bei einer Vorserie von 71 Einheiten des Porsche „Jagdwagen".

Der Porsche Typ 597 „Jagdwagen" zeichnet sich durch hervorragende Geländegängigkeit aus.

Mit annähernd 500 Mitarbeitern produziert die Porsche KG insgesamt 1.853 Fahrzeuge. Darunter ab September auch erstmalig 15 Sportwagen des Typ 356 Speedster, einer eigens für den US-amerikanischen Markt konzipierten Leichtbauversion, die dort mit einem Grundpreis von rund 3.000 US-Dollar zum Verkaufserfolg wird.

Der 356 Speedster leistet mit seinem Vierzylinder-Boxermotor 40 kW (55 PS).

1955

Das Team Seidel/Glöckler erzielt 1955 mit dem Porsche 550 Spyder einen Klassensieg bei der Mille Miglia.

Bei zahlreichen Langstreckenrennen kann die Marke Porsche erneut ihre Qualitäten demonstrieren. Bei der Mille Miglia erreichen die drei angetretenen Porsche 550 Spyder allesamt das Ziel und belegen die Klassenplätze Eins, Drei und Vier. Bei der über den Polarkreis führenden Schweden-Rallye belegen Sportwagen vom Typ 356 die ersten vier Ränge des Gesamtklassements. Auf der Rundstrecke brilliert Porsche unter anderem mit einem weiteren Le-Mans-Klassensieg sowie mit dem Gewinn der

Deutschen Meisterschaft in der 1,5-Liter-Sportwagenklasse durch Richard von Frankenberg.

Im Auftrag von Volkswagen beschäftigen sich die Porsche-Konstrukteure mit einer Typ 672 genannten Kleinwagenstudie mit Heckantrieb. Als Antrieb des Prototypen wird ein flacher Sechszylinder-Unterflurmotor konstruiert.

Technische Zeichnung der Kleinwagen-Projektstudie Typ 672 vom 7. Juli 1955.

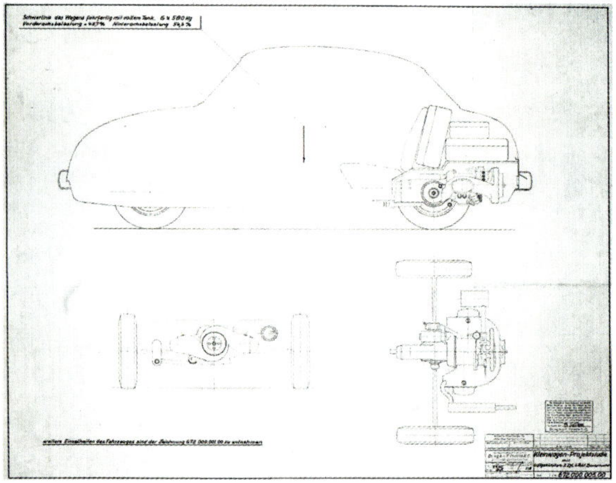

Auf der Internationalen Automobilausstellung in Frankfurt am Main wird im September der mit der neuen 1,6-Liter-Motorenreihe ausgerüstete Porsche 356 A ausgestellt. Äußerlich ist die technisch verbesserte A-Serie an der gewölbten Panorama-Wind-

Das Porsche 356 A Coupé wird 1955 auf der Internationalen Automobilausstellung in Frankfurt am Main präsentiert.

schutzscheibe zu erkennen. Als Spitzenmodell ist der Porsche 356 A 1500 GS Carrera mit einem 74 kW (100 PS) starken Renntriebwerk erhältlich.

Der Export spielt für die Porsche KG eine zunehmend größere Rolle, und 1955 wird mit 1.514 nach Nordamerika exportierten Sportwagen annähernd die Hälfte der Jahresproduktion nach Übersee verkauft. Unzufriedenheit über den Kundenservice der Hoffman Motor Car Company führt schließlich zur Entsendung des Porsche-Mitarbeiters Otto Erich Filius, der im Oktober in New York das erste eigene Porsche-Büro einrichtet und mit der Porsche of America Corporation (POAC) ein unabhängiges Vertriebsnetz aufbaut.

Früh werden Porsche-Fahrzeuge nach Übersee verschifft.

Am 1. Dezember gibt die US-Army das an der Spitalwaldstraße gelegene Porsche-Stammwerk frei. Neben der Geschäftsleitung, den Konstruktions-, Versuchs- und Entwicklungsabteilungen finden dort ab März 1956 auch der kaufmännische Bereich sowie die Reparaturabteilung ihre neue Arbeitsstätte.

Luftaufnahme des Werksgeländes der Porsche KG und des Karosserieherstellers Reutter.

1956

In Friedrichshafen am Bodensee wird am 1. Januar die in den Mannesmann-Konzern eingegliederte Porsche-Diesel-Motorenbau GmbH Friedrichshafen a.B. gegründet. Auf Vermittlung von Albert Prinzing wird dazu das Allgaier-Stammkapital von der Mannesmann AG übernommen und in die neu gegründete Gesellschaft übertragen. Im Herbst des gleichen Jahres wird in Manzell die Produktion der nun als Porsche-Diesel bezeichneten Schlepper und Stationärmotoren weitergeführt.

Zeitgleich mit dem 25-jährigen Firmenjubiläum wird am 16. März der 10.000. Porsche-Sportwagen – ein Porsche 356 A Coupé – produziert. Die Anzahl der Porsche-Rennsiege liegt zu diesem Zeitpunkt bei 400 Erfolgen.

Wolfgang Porsche neben dem 10.000. Porsche.

Das am 27. Mai ausgetragene 1000-Kilometer-Rennen auf dem Nürburgring wird zu einem weiteren Porsche-Triumph, als die Fahrerteams Maglioli/von Trips und Herrmann/von Frankenberg

Große Erfolge beim 1000-Kilometer-Rennen auf dem Nürburgring.

mit dem 550 A Spyder einen Doppelsieg in der 1,5-Liter-Rennsportklasse einfahren. In der 2-Liter-GT-Klasse siegt ein Porsche 356 A Carrera, bei den Seriensportwagen bis 1500 ccm ein Porsche 550 Spyder. Die 24 Stunden von Le Mans enden für Porsche am 29. Juli zum sechsten Mal in Folge mit einem Klassensieg.

Bei der Targa Florio fährt Umberto Maglioli am 10. Juni auf einem Porsche 550 A Spyder als Gesamtsieger über die Ziellinie. Damit sichert sich Porsche erneut weltweite Anerkennung, da es erstmalig einem Fahrer der kleinen Wagenklasse unter zwei Liter Hubraum gelingt, die wesentlich stärkere Konkurrenz von Ferrari und Maserati zu schlagen.

Umberto Maglioli holt 1956 auf einem 550 A Spyder den ersten Porsche-Gesamtsieg bei einem wichtigen internationalen Rennen.

Mehr als 75 Prozent der verkauften 356 A wurden exportiert.

Mit den 356 A Coupé, Cabriolet und Speedster erzielt Porsche im Geschäftsjahr 1956 einen neuen Verkaufsrekord. Von den in fünf verschiedenen Motorisierungen erhältlichen Sportwagen verlassen 4.269 Einheiten das Zuffenhausener Werksgelände – mehr als 75 Prozent davon werden exportiert.

Zum Jahresende führt Porsche die betriebliche Altersversorgung in Form eines monatlichen Ruhegeldes ab dem 65. Lebensjahr ein. Die Porsche-Stiftung hilft mit finanziellen Zuwendungen jenen Mitarbeitern, die unverschuldet in eine wirtschaftliche Notlage geraten sind.

1957

Für die Zuffenhausener Rennabteilung beginnt die Motorsportsaison mit einem großen Erfolg. Den amerikanischen Privatfahrern Bunker/Wallace und Kunstle/Miles gelingt es, auf Porsche 550 A Spyder bei dem zur Sportwagen-Weltmeisterschaft zählenden 12-Stunden-Rennen von Sebring einen Doppelsieg in der Klasse der Sportwagen bis 1500 ccm einzufahren.

Mit einem Gesamtsieg beim 12-Stunden-Rennen von Sebring startet Porsche erfolgreich in die Rennsaison 1957.

Auf der Hochgeschwindigkeitsbahn von Monza erzielen Rolf Goetze, Paul Ernst Strähle und Richard von Frankenberg auf einem Porsche 356 A Carrera Speedster drei internationale Automobilrekorde über 1.000 Meilen, 2.000 Kilometer und 12 Stunden.

Richard von Frankenberg im Porsche 356 A Carrera Speedster in Monza 1957.

Die Porsche-Diesel-Motorenbau GmbH führt die Serienproduktion von Landmaschinen und Motoren ab April in vier neu errichteten Fertigungsanlagen weiter. Im Oktober wird das neue Porsche-Diesel-Verkaufsprogramm vorgestellt, das die Grundtypen Junior, Standard, Super und Master beinhaltet und dabei ein Leistungsspektrum von 14 PS bis zu 50 PS Leistung umfasst.

Werbung für die Porsche-Diesel-Motorenbau GmbH Friedrichshafen am Bodensee.

Ein Porsche-Werkswagen 550 A Spyder rollt im Mai bei der letzten Mille Miglia an den Start und holt mit Umberto Maglioli den Klassensieg und den fünften Platz im Gesamtklassement. In der GT-Klasse bis 1600 ccm fahren Paul Ernst Strähle und Herbert Linge auf Strähles Porsche 356 A Carrera GT den Gewinn ein.

Umberto Maglioli bei der Zieldurchfahrt der Mille Miglia am 12. Mai 1957.

Porsche 550 A Spyder beim 1000-Kilometer-Rennen am Nürburgring.

Nach einem Vierfachsieg beim 1000-Kilometer-Rennen auf dem Nürburgring und dem Klassengewinn der Privatfahrer Hugus/de Beaufort bei den 24 Stunden von Le Mans begibt sich Porsche am 4. August beim Nürburgring Grand Prix erstmals in der Formel 2 an den Start. Sieger des Rennens wird Edgar Barth mit dem Porsche 550 A Spyder.

Die Typenvielfalt des Porsche-Verkaufsprogramms wird ab September durch das Porsche 356 A Cabriolet mit Hardtop als abnehmbarem Dachaufsatz erweitert.

356 A Cabriolet mit Hardtop.

1958

Für den Vertrieb der Zuffenhausener Automobile sorgen inzwischen 142 deutsche Porsche-Händler sowie weitere 128 Vertriebspartner im europäischen Ausland.

Blick auf das Porsche Werk 2 im Jahr 1958.

Der vom Heilbronner Karosserie-Spezialisten Drauz bestückte 356 A Convertible D ersetzt im August den Porsche 356 A Speedster. Äußerlich ist der Speedster-Nachfolger vor allem an einer höheren, verstärkten Frontscheibe und den Glas-Seitenfenstern zu erkennen.

Der 356 A Convertible D wird vom Heilbronner Karosserie-Spezialisten Drauz gefertigt.

Beim 1000-Kilometer-Rennen von Buenos Aires fahren am 26. Januar die Rennfahrer Stirling Moss und Jean Behra auf dem Porsche 550 A Spyder hinter zwei 3-Liter-Ferrari auf den dritten Rang und siegen überlegen in der 2-Liter-Sportwagenklasse.

Der luftgekühlte Porsche-Boxermotor Typ 729 dient auch zum Antrieb von Sportbooten.

Der Porsche-Bootsmotor Typ 729 wird im Frühjahr zu Test- und Demonstrationszwecken in ein Sportboot eingebaut. Der luftgekühlte 52-PS-Antrieb wird zwar in den Folgejahren von verschiedenen Bootsherstellern verwendet, kann sich jedoch nie auf dem Bootsmotorenmarkt durchsetzen.

In der Formel 2 bezwingt der Franzose Jean Behra in Reims auf dem eigentlich für die Sportwagenklasse konzipierten Porsche 718 RSK die Weltelite dieser Rennkategorie. Weitere Erfolge veranlassen schließlich Firmenchef Ferry Porsche, der Entwicklung eines neuen Formel 2-Monoposto zuzustimmen.

Jean Behra auf einem 718 RSK mit Mittellenker beim Grand-Prix-Rennen in Reims 1958.

Neben den Titeln für Jean Behra als Deutscher Meister in der Sportwagenklasse und Wolfgang Graf Berghe von Trips als Europameister in der Bergwertung sichert sich Porsche 1958 die Vize-Weltmeisterschaft in der Sportwagen-Markenwertung.

Porsche sichert sich 1958 zum ersten Mal die Europa-Bergmeisterschaft.

1959

Mit der Typenreihe 356 B – intern „T 5" genannt – präsentiert Porsche im September auf der Frankfurter Internationalen Automobilausstellung eine völlig überarbeitete Version des inzwischen fast 29.000 Mal gefertigten Erfolgsmodells 356. Eine Roadster-Variante ersetzt das Convertible D und rundet das Verkaufsprogramm preislich nach unten ab. Insgesamt werden 6.450 Einheiten im Jahr 1959 abgesetzt.

Porsche präsentiert den 356 B als Nachfolger des 356 A auf der Internationalen Automobilausstellung in Frankfurt am Main 1959.

Während der Deutschen Industriemesse in Hannover präsentiert Porsche ein komplettes Flugmotoren-Programm. Die Leistungspalette reicht vom 65 PS starken Typ 678/1 bis hin zum 75 PS Startleistung liefernden Typ 678/4.

Porsche-Flugmotor Typ 678 in dem Flugzeug RW-3 „Multoplane".

Sportliche Erfolge kennzeichnen auch das Jahr 1959: Beim 12-Stunden-Rennen von Sebring belegen die Porsche 718 RSK im Gesamtklassement die Plätze Drei, Vier und Fünf und entscheiden die 1,5- und 2-Liter-Hubraumklassen für sich. Ebenso überlegen folgen der Sieg beim Großen Bergpreis von Deutschland sowie der zweite Gesamtplatz mit Klassengewinn bei der englischen Tourist Trophy. Die Rallye Lüttich-Jugoslawien-Lüttich wird dank Paul Ernst Strähle zu einem weiteren Sieg der Marke Porsche. Weiterhin kann die Erfolgsbilanz um den Deutschen Sportwagenmeistertitel von Heini Walter sowie um die Europa-Bergmeisterschaft von Targa-Florio-Sieger Edgar Barth ergänzt werden.

Joakim Bonnier beim Start zum 12-Stunden-Rennen von Sebring auf einem 718 RSK.

Im August beginnt das Team um Ferry Porsches Sohn Ferdinand Alexander „F. A." Porsche mit der Arbeit an einem viersitzigen Sportwagen Typ 695. Auf der verlängerten Basis eines Porsche 356 entsteht ein Prototyp als „Musterwagen" für das Programm T7 (Typ 754). Die charakteristische Frontpartie findet sich auch beim späteren Porsche 911 wieder.

Gegen Jahresende übergibt Maximilian E. Hoffman – mit Ausnahme der amerikanischen Ostküste – die Werksvertretung an die Porsche of America Corporation (POAC), die sich fortan im Auftrag der Porsche KG in den Vereinigten Staaten alleine für Verkauf, Service und Marketing verantwortlich zeigt.

Ferry (rechts) und Ferdinand Alexander Porsche im Porsche Design-Studio.

F. A. Porsche und sein Team neben dem Porsche 901 von 1963.
V.l.n.r.: Heinrich Klie, Heinz Unger, Ernst Bolt, Horst Handke, Hans Ploch und Hans Springmann.

1960 — IKONE PORSCHE 911 — 1969

„Gutes Design
muss ehrlich sein."

Ferdinand Alexander Porsche

1930 1940 1950 1960er Jahre 1980 1990 2000 2010 2020

1960

Im Frühjahr wird dem Volkswagen-Vorstand der als Auftragsarbeit konstruierte Typ 728 (EA 53) präsentiert. Als potenzieller Nachfolger des VW „Käfers“ in Stufen- und Fließheckvariante konzipiert, reicht das Projekt allerdings nicht über das Erprobungsstadium hinaus.

Verschiedene Varianten des Porsche Typ 728.

Siegerplakat zum Hattrick bei der Europa-Bergmeisterschaft.

Mit dem zur Rennsaison 1960 eingeführten 718 RS 60 Spyder schlägt Porsche ein neues Erfolgskapitel im Langstreckensport auf. Neben Gesamtsiegen bei der Targa Florio (Bonnier/Herrmann) und den 12 Stunden von Sebring (Gendebien/Herrmann) holt der Schweizer Heini Walter zum dritten Mal in Folge für Porsche die Europa-Bergmeisterschaft.

In der Formel 2 erzielt Porsche beim 150-Meilen-Rennen von Aintree, Großbritannien, mit dem Typ 718/2 einen eindrucksvollen Dreifacherfolg. Am Ende der Saison gewinnt Porsche die Markenweltmeisterschaft, sodass Geschäftsführer Ferry Porsche schließlich einem Einstieg in die Formel 1 zustimmt.

Edgar Barth (vorne) und John Surtees in zwei Porsche 718/2 im Werk 1 in Zuffenhausen.

In Halle 3 des Porsche-Werks 2 in Zuffenhausen eröffnet im September das Porsche Museum. Neben dem von Professor Ferdinand Porsche konstruierten Sascha-Rennwagen werden unter anderem der Porsche 356 „Nr. 1" Roadster sowie der Rennwagen Typ 360 Cisitalia gezeigt.

Austro-Daimler ADS R „Sascha" auf dem Werksgelände von Porsche.

Auf Betreiben von Herbert Linge entsteht das neue Porsche Entwicklungszentrum in Weissach.

Als Areal für ein künftiges Testgelände sowie zur Erweiterung der Werksanlagen erwirbt die Porsche KG am 2. Dezember ein zunächst 38 Hektar großes Grundstück in den 25 Kilometer von Zuffenhausen entfernten Gemarkungen Weissach und Flacht.

Im Geschäftsjahr 1960 durchbricht der Umsatz der Dr. Ing. h.c. F. Porsche KG mit 7.499 produzierten Automobilen erstmals die Grenze von 100 Millionen DM. Die bisher hergestellte Gesamtzahl der Porsche-Sportwagen beziffert sich auf 39.071 Fahrzeuge. Ihnen steht eine Kundendienstorganisation von weltweit 653 autorisierten Porsche-Werkstätten zur Verfügung.

Die Mitarbeiter der Porsche KG erhalten bereits ab dem Jahr 1960 – auch ohne gesetzliche Regelung – eine Lohnfortzahlung im Krankheitsfall sowie einen vollen Monatslohn als Weihnachtsgratifikation.

Dan Gurney auf Porsche 718 Formel 2 beim Training zum Formel-1-Rennen in Monaco 1961.

1961

In die auf 1,5-Liter-Hubraum limitierte Formel 1 steigt Porsche mit dem vierzylindrigen Typ 718/2 Monoposto ein. Beim Großen Preis von Reims, Monza und Watkins Glen steht der Werksfahrer Dan Gurney jeweils als Zweiter auf der Siegertreppe. Insgesamt endet das erste Jahr des Formel-1-Engagements für Porsche mit dem dritten WM-Platz von Dan Gurney, sodass für 1962 die Entwicklung eines neuen Achtzylindermotors forciert wird.

Als sportlichste Version der Modellreihe 356 gilt der im Vorjahr in einer limitierten Stückzahl von 20 Fahrzeugen gebaute Porsche 356 B 1600 GS Carrera GTL Abarth. Rennfahrer wie Hans Herrmann, Herbert Linge, Edgar Barth oder Paul Ernst Strähle gewinnen 1961 auf dem Abarth GTL für Porsche den Weltmeistertitel der GT-Wagen bis 2000 ccm. Als weitere internationale Titel kommen 1961 der inzwischen vierte Sieg von Heini Walter bei der

Bob Holbert und Don Wester fahren den 356 B 1600 GS Carrera GTL Abarth beim 12-Stunden-Rennen in Sebring zum Klassensieg.

Porsche 356 B Cabriolet (Modelljahr 1962) auf dem Zuffenhausener Werksgelände.

Europa-Bergmeisterschaft sowie der Gewinn der Rallye-Europameisterschaft durch Hans-Joachim Walter hinzu.

Im September erfährt der Porsche 356 B unter der internen Bezeichnung T6 eine umfangreiche Modellpflege. Die Karosserie wird in vielen Details optimiert, und so ist die Betankung nun über eine Tankklappe im vorderen rechten Kotflügel möglich. Als Sonderausstattung wird erstmals ein elektrisches Stahlschiebedach angeboten.

Am 16. Oktober führt Ferry Porsche auf dem neuen Baugrund in Weissach den ersten Spatenstich aus. Unter anderem ist für das zukünftige Prüfgelände ein so genanntes Skid Pad vorgesehen, auf dem die seit 1954 auf dem Malmsheimer Flugplatz durchgeführten Fahrwerksuntersuchungen stattfinden sollen.

Fahrversuche auf dem neuen Skid Pad im Porsche Entwicklungszentrum in Weissach.

Der Porsche Typ 754 war eine Vorentwicklung des späteren Typ 901 beziehungsweise 911.

Im Zuge der Winter-Testfahrten mit dem viersitzigen Porsche-Prototyp 695 wird im Dezember mit der Erprobung eines neuen Sechszylinder-Boxermotors Typ 745 mit Axialgebläse begonnen.

1962

Im Frühjahr bietet Porsche seinen Kunden ein neues Sportwagen-Topmodell an: Der Porsche 356 B 2000 GS Carrera 2 richtet sich mit einem Verkaufspreis von 24.850 DM an eine ebenso leistungshungrige wie wohlhabende Klientel. Der ursprünglich von Ernst Fuhrmann entwickelte 2-Liter-Carrera-Motor leistet nun 96 kW (130 PS), in der GT-Version mit Sportauspuffanlage stehen darüber hinaus bis zu 114 kW (155 PS) zur Verfügung. So bleiben auch sportliche Erfolge nicht aus und der Carrera 2 erzielt unter anderem einen Klassensieg bei der Rallye Monte Carlo.

Porsche 356 B 2000 GS Carrera 2 de Luxe Coupé.

Der 50.000. Porsche rollt am 3. April vom Montageband. Das tägliche Produktionsvolumen beläuft sich zu dieser Zeit auf etwa 50 Porsche-Sportwagen.

Feierstunde anlässlich des 50.000. Porsche im Werk 2 in Stuttgart-Zuffenhausen.

Nach reiflicher Überlegung entscheidet sich Ferry Porsche gegen die Weiterentwicklung des viersitzigen Prototypen 754 zu Gunsten eines Fließheck-Coupés mit 2+2-Sitzanordung mit der Programmbezeichnung T8. Unter Einbeziehung zahlreicher

Der neu konstruierte Sechszylindermotor Typ 821 dient als Antrieb des Porsche Typ 901.

Detaillösungen des 695 wird der künftige Porsche 356-Nachfolger unter dem Projektnamen Typ 901 entwickelt. Ein neuer Sechszylindermotor Typ 821 mit Trockensumpfschmierung basiert auf dem für den T7 vorgesehenen Antrieb Typ 745. Für das Styling des 901 zeichnet das Team um Ferry Porsches Sohn F. A. Porsche verantwortlich, der mit einer zeitlosen Linienführung einen modernen Klassiker kreiert.

Dan Gurney gewinnt den Großen Preis von Frankreich auf einem Porsche 804.

Mit dem Typ 804 setzt Porsche erstmals einen speziell für die Formel 1 konstruierten Rennwagen ein. Auf diesem kann Dan Gurney am 8. Juli in Rouen den Großen Preis von Frankreich gewinnen und somit den ersten Formel-1-Sieg nach Zuffenhausen holen. Bereits eine Woche darauf triumphiert Gurney vor Joakim Bonnier auf der Solitude-Rennstrecke bei Stuttgart, sodass der luftgekühlte Porsche 804 vor heimischem Publikum einen Doppelsieg erzielt.

Die erste Baustufe des neuen Versuchsgeländes in Weissach wird gegen Jahresende fertig gestellt und in Betrieb genommen. Die neue Prüfstrecke dient der Fahrwerksabstimmung, das neue Skid Pad besitzt einen äußeren Fahrbahnring von 190 Metern Durchmesser sowie zwei innere Kreisel mit 30 beziehungsweise 20 Metern Radius.

Die Teststrecken für die Fahrwerkabstimmung auf dem Porsche-Versuchsgelände in Weissach werden erweitert.

1963

Die Porsche-Diesel-Motorenbau GmbH stellt zum 1. Mai ihre Geschäftstätigkeit ein. Die Geschäftsanteile werden an die neu gegründete Porsche-Diesel-Renault-Vertriebs GmbH übertragen, die im Juni ebenfalls das Vertriebsnetz übernimmt. Die Produktion von Porsche-Diesel-Schleppern endet zum 15. Juli. Insgesamt sind rund 120.000 Schlepper mit dem Namen Porsche produziert und verkauft worden.

Auf der Internationalen Automobilausstellung in Frankfurt präsentiert sich am 12. September erstmals ein Prototyp des neuen Porsche 901. Neben einem Sechszylindermotor mit obenliegenden Nockenwellen besitzt der Nachfolger des zu diesem Zeitpunkt bereits legendären Porsche 356 ein Fahrwerk mit Schräglenker-Hinterachse und eine selbsttragende Karosserie.

Schlepper Porsche-Diesel Master.

Vorstellung des neuen Porsche Typ 901 auf der Frankfurter IAA im September 1963.

Ebenfalls auf dem IAA-Messestand gezeigt wird die neue Modellreihe Porsche 356 C, die neben zahlreichen technischen Verbesserungen mit einer Vierscheiben-Bremsanlage ausgestattet ist und parallel zum späteren 911 bis September 1965 in Serie gebaut wird.

Der 356 C ist die letzte Variante der seit 1948 gebauten Modellreihe 356.

Das bei der Targa Florio auf einem Porsche Typ 718 GTR Coupé startende Fahrerteam Joakim Bonnier und Carlo Abate bringt nach 1956, 1959 und 1960 nicht nur den vierten Porsche-Gesamtsieg nach Zuffenhausen, sondern erzielt mit einem Durchschnittstempo von 104 km/h zugleich einen neuen Streckenrekord.

Joakim Bonnier und Carlo Abate gewinnen die Targa Florio 1963 mit einem neuen Geschwindigkeitsrekord.

Mit dem achtzylindrigen Porsche Typ 718 W-RS Spyder siegt Edgar Barth bei sechs von sieben Meisterschaftsläufen und wird überlegen Europa-Bergmeister.

Im Zuge der Umstellung auf den neuen Typ 901 wird das Stuttgarter Karosseriewerk Reutter in Zuffenhausen an Porsche verkauft. Zum 1. Dezember wechseln circa 950 Mitarbeiter unter Anrechnung ihrer Betriebszugehörigkeit den Arbeitgeber. Der neue Eigentümer führt das Karosseriewerk unter bestehendem Namen weiter. Zum 1. März 1964 wird es zur Karosseriewerk Porsche GmbH umfirmiert, bevor es 1967 in der Porsche KG aufgeht.

Erfolgreich am Berg.

Das Karosseriewerk Reutter in Zuffenhausen.

1964

Die illuminierte GFK-Karosserie des Porsche 904 Carrera GTS.

Als erster Porsche mit glasfaserverstärkter Kunststoffkarosserie macht der Porsche 904 Carrera GTS Coupé gleichermaßen durch das von F. A. Porsche entworfene Design wie auch durch seine Fahrleistungen auf sich aufmerksam. Die ersten Rennerfolge lassen nicht lange auf sich warten und so siegt der Mittelmotorsportwagen unter anderem bei der Targa Florio (Pucci/Davis) und erzielt den zweiten Platz bei der Rallye Monte Carlo 1965 (Böhringer/Wütherich).

Nachdem eine Versuchsreihe von 13 Prototypen des 901 erfolgreich getestet wurde, läuft am 14. September der erste in Serie gefertigte Porsche Typ 901 vom Produktionsband. Im Oktober wird das serienreife Modell auf dem Pariser Automobilsalon präsentiert. Da der französische Hersteller Peugeot bereits die Namensrechte an dreistelligen Ziffernfolgen mit einer Null in der Mitte besitzt, muss das Stuttgarter Unternehmen die Modellreihe gezwungenermaßen

Porsche-Mitarbeiterin Thora Hornung mit einem Porsche 901 Coupé im Hof des Porsche Werks 2 in Zuffenhausen.

umbenennen: Die Bezeichnung 911 wird geboren. Zu diesem Zeitpunkt sind bereits einige Fahrzeuge mit der Typenbezeichnung 901 entstanden. Bis zum Jahresende verlassen täglich etwa fünf Porsche 911 das Werk.

Im Herbst übernimmt die Porsche of America Corporation (POAC) an der amerikanischen Ostküste den Import und Vertrieb von Porsche-Fahrzeugen, der bis zu diesem Zeitpunkt noch in den Händen von Maximilian E. Hoffman lag.

Die Gesamtzahl der bei der Dr. Ing. h.c. Porsche KG und der Porsche Karosseriewerk GmbH beschäftigten Mitarbeiter beträgt zum Jahresende insgesamt 2.415 Personen, die mit 10.368 produzierten Fahrzeugen einen Umsatz von 156 Millionen DM erzielen.

Luftaufnahme Stuttgart-Zuffenhausen, in der Mitte die Schwieberdinger Straße.

1965

Bei der aufgrund widriger Wetterverhältnisse anspruchsvollsten Rallye Monte Carlo der Renngeschichte beweist der Porsche 911 seine Qualitäten als Rennfahrzeug. Nach 4.600 schneereichen Kilometern erreichen von 237 gestarteten Fahrzeugen lediglich 22 die Zieleinfahrt. Herbert Linge und Peter Falk beenden das Rennen mit einem respektablen fünften Rang im Gesamtklassement. Den zweiten Platz erzielen Eugen Böhringer und Rolf Wütherich auf einem Porsche 904 Carrera GTS.

Das Porsche-Werksteam vor der Abfahrt zur Rallye Monte Carlo 1965 im Porsche Werk 1.

Als der Vertrieb ein kostengünstiges Einstiegsmodell unterhalb des 21.900 DM teuren Porsche 911 Coupé fordert, wird im April der vierzylindrige Porsche 912 vorgestellt. Mit dem auf 66 kW (90 PS) gedrosselten Motor des 356 C 1600 SC ausgestattet, entwickelt sich das bereits zum Einstiegspreis von 16.250 DM erhältliche 912 Coupé rasch zu einem Bestseller.

Produktion des Porsche 911 2.0 Coupé und 912 Coupé im Porsche Werk 2 in Stuttgart-Zuffenhausen 1965.

Das erste Sicherheits-Cabriolet der Welt, der Porsche 911 2.0 Targa, wird dem Publikum im September auf der Frankfurter IAA vorgestellt. Mit seinem feststehenden Überrollbügel, dem herausnehmbaren Faltdach und der herunterklappbaren Heckscheibe, trägt die neue Variante dem gestiegenen Sicherheitsbedürfnis der amerikanischen Kundschaft Rechnung. Die Produktion des Porsche 911 Targa läuft im Dezember des Jahres 1966 an.

Die zweite Karosserieform für den 911 2.0 ist der Targa mit feststehendem Überrollbügel.

Bei der Targa Florio 1965 belegen Colin Davis und Gerhard Mitter auf einem 904/8 „Känguru" den zweiten Gesamtplatz.

Bei den 12 Stunden von Sebring befinden sich unter den ersten zehn Fahrzeugen des Gesamtklassements vier Porsche 904 Carrera GTS. Für eine weitere Überraschung sorgt der zweite Gesamtrang von Gerhard Mitter und Colin Davis bei der Targa Florio auf dem Porsche 904/8 „Känguru".

Am 30. September ist es der Porsche-Pressechef und Rennleiter Huschke von Hanstein, der auf einem 488 Kilogramm leichten Porsche 906 Spyder „Ollon-Villars" auf dem Hockenheimring zwei Weltrekorde für die Viertelmeilen- und 500-Meter-Distanz nach Zuffenhausen holt.

Porsche stellt auf dem Hockenheimring zwei neue Weltrekorde auf.

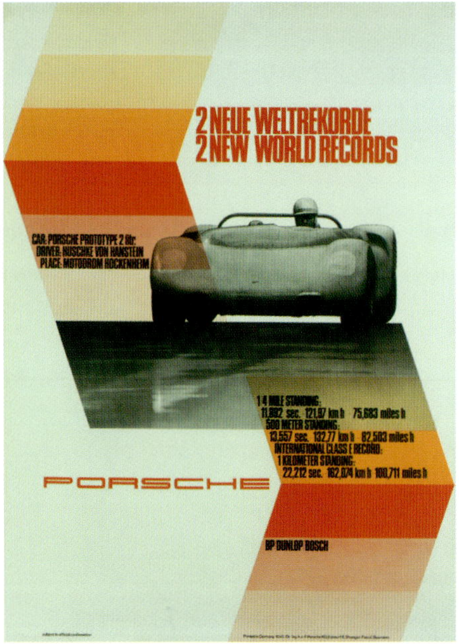

Die Technische Hochschule Wien verleiht 1965 die Ehrendoktorwürde an Ferry Porsche, der fortan den Titel „Dr. tech. E.h." führen darf.

Für seine Verdienste um den Automobilbau erhält Ferry Porsche am 9. November 1965 in Wien den Ehrendoktortitel.

1966

Nachdem die Modellreihe 356 offiziell bereits im Vorjahr eingestellt wurde, läuft am 26. Mai noch einmal eine letzte Sonderserie von zehn Porsche 356 C Cabriolet für die holländische Reichspolizei vom Band. Während der von 1950 bis 1966 dauernden Bauzeit werden in Stuttgart-Zuffenhausen insgesamt 77.766 Exemplare des Klassikers mit dem Zahlenkürzel „356" produziert.

Mit dem neuen Porsche 911 reiht Porsche Sieg an Sieg. Bei der Rallye Monte Carlo erreichen die vier gestarteten Porsche-Rennwagen die ersten vier Plätze in der GT-Kategorie.

Der Porsche 911 2.0 Coupé beweist seine Sportlichkeit bei der Rallye Monte Carlo 1966.

Beim Auftaktrennen zur Markenweltmeisterschaft, den 24 Stunden von Daytona, gibt der Porsche 906 Carrera 6 – ein reiner Rennsportwagen mit Gitterrohrahmen und aerodynamischer Kunststoff-Karosserie – sein Motorsportdebüt.

Hans Herrmann und Herbert Linge erzielen 1966 auf dem 906 Carrera 6 einen Klassensieg in Daytona.

Die Sportwagenklasse bis 2 Liter Hubraum wird 1966 vom Porsche 906 Carrera 6 dominiert.

Drei der Porsche-GT-Prototypen befinden sich zum Ende des Wettbewerbs unter den ersten acht Platzierten der Gesamtwertung.

Bei den 12 Stunden von Sebring tritt der 906 Carrera 6 gegen eine Phalanx von amerikanischen 7-Liter-Rennwagen an und verbucht neben drei Klassensiegen auch den vierten Platz im Gesamtrang. In der 2-Liter-Sportwagenklasse erweist sich der Rennwagen als unschlagbar und so kann die vom Fahrerteam Müller/Mairesse gewonnene Targa Florio als ein weiterer Erfolg verbucht werden. In Le Mans gehen drei mit einem Langheck versehene 906 Carrera 6 an den Start und belegen die vorderen drei Ränge ihrer Klasse.

Im Herbst präsentiert Porsche mit dem 911 S eine leistungsgesteigerte Variante des Sportwagens. Äußerlich ist der 118 kW (160 PS) starke Porsche an den geschmiedeten Fuchs-Kleeblatt-Leichtmetallfelgen zu erkennen.

Die berühmten Fuchs-Felgen werden zum ersten Mal im Modelljahr 1967 beim 911 S verbaut.

Der 100.000. Porsche, ein speziell für die Autobahnpolizei ausgerüsteter 912 Targa, wird am 21. Dezember in einem feierlichen Akt an die Landespolizei Baden-Württemberg übergeben.

Ferry Porsche übergibt den 100.000. gebauten Porsche, einen 912 Targa, an die Landespolizei Baden-Württemberg.

1967

Unter dem Namen „Sportomatic“ bietet der Automobilhersteller Porsche ab Juli für die Typen 911 und 912 ein halbautomatisches Vierganggetriebe an. Zusätzlich kann von nun an der Porsche 911 T (Touring) erworben werden. Es handelt sich dabei um eine günstigere Basisversion als Alternative zum nun als 911 L bezeichneten Sportwagen-Klassiker.

Die „Sportomatic“ stellt 1967 ihre Zuverlässigkeit beim „Marathon de la Route“ auf dem Nürburgring unter Beweis.

Gleich zum Saisonbeginn gewinnen Hans Herrmann und Jo Siffert mit dem Porsche 906 Carrera 6 überlegen die 2-Liter-Klasse der 24 Stunden von Daytona und erreichen einen vierten Gesamtplatz. Bei den 12 Stunden von Sebring erzielt der neue Porsche 910/6 einen hervorragenden dritten Rang im Gesamtklassement.

Mit einer Flotte von sechs 910-Prototypen tritt die schwäbische Rennmannschaft im Mai bei der Targa Florio an. Das Rennen endet für Porsche mit einem triumphalen Dreifachsieg, als Rolf Stommelen und Paul Hawkins mit dem Achtzylinder-Porsche 910/8 vor zwei 910/6 die Ziellinie überfahren. Ein weiterer Porsche 911 S Werkswagen vereinnahmt mit Bernard Cahier und Jean-Claude Killy die 2-Liter-GT-Klasse für sich.

Die Porsche-Werksmannschaft mit sechs Rennfahrzeugen des Typ 910 bei der Targa Florio.

Zu einem der größten Rennerfolge gerät am 28. Mai das 1000-Kilometer-Rennen auf dem Nürburgring. Erstmals kann Porsche die Langstrecken-Herausforderung für sich entscheiden. Nach 44 Rennrunden belegen die Rennwagen vom Typ 910 die ersten vier sowie den sechsten Rang.

Vierfachsieg für Porsche beim 1000-Kilometer-Rennen auf dem Nürburgring 1967.

Internationale Aufmerksamkeit erregt der im Oktober vorgestellte Porsche 911 R, als er in Monza neue Weltrekorde über 20.000 und 25.000 Kilometer sowie über 10.000 Meilen und 72 beziehungsweise 96 Stunden aufstellt. Seine Zuverlässigkeit hatte ein Porsche 911 R mit Sportomatic-Getriebe bereits zuvor während des 84 Stunden dauernden Marathon de la Route auf dem Nürburgring bewiesen.

Porsche 911 R bei der Rekordfahrt in Monza 1967.

Porsche erfüllt als erster europäischer Hersteller die amerikanischen Abgasentgiftungsvorschriften. Im Auftrag der amerikanischen Umweltbehörde EPA testiert Porsche fortan auf dem hauseigenen Rollenprüfstand auch Exportfahrzeuge anderer Hersteller.

1968

Überlegen gewinnen Björn Waldegård und Lars Helmer auf einem Porsche 911 T das Gesamtklassement der 3.400 Kilometer langen Schweden-Rallye. Die Rallye Monte Carlo endet für Vic Elford und David Stone im Porsche 911 T mit dem ersten Gesamtrang, den zweiten Platz kann das Porsche-Team Pauli Toivonen und Martti Tiukkanen für sich einnehmen.

Bei der Rallye Monte Carlo 1968 gehen Vic Elford und David Stone auf einem 911 T 2.0 Coupé als Gesamtsieger hervor.

Eine ebenfalls glanzvolle Rennpremiere liefert der Porsche 907/8 mit einem Dreifachsieg bei den 24 Stunden von Daytona und einem ersten Platz bei den 12 Stunden von Sebring ab.

Porsche-Siegerplakat nach dem Erfolg in Daytona.

Mit einem Hattrick gewinnt die Porsche-Werksmannschaft 1968 die Targa Florio. Durch den Sieg von Vic Elford und Umberto Maglioli im 907/8 geht der „Coppa Florio"-Pokal endgültig in den Besitz der Firma Porsche über und erhält einen Ehrenplatz im Arbeitszimmer von Ferry Porsche.

Mit Vic Elford und Umberto Maglioli am Steuer des 907 gewinnt Porsche zum dritten Mal in Folge die Targa Florio.

Im Mai gelingt Porsche erneut die Wiederholung eines Vorjahressieges beim 1000-Kilometer-Rennen auf dem Nürburgring. Mit dem 259 kW (350 PS) starken Porsche 908/01 gewinnen Jo Siffert und Vic Elford vor Hans Herrmann und Rolf Stommelen im 907/8.

Der Porsche 908 siegt am 19. Mai 1968 auf dem Nürburgring beim 1000-Kilometer-Rennen.

Der nur 450 Kilogramm leichte und 202 kW (275 PS) starke Porsche 910/8 Bergspyder setzt neue Maßstäbe im Bergrennsport. Porsche-Werksfahrer Gerhard Mitter bringt zum dritten Mal in Folge die Europa-Bergmeisterschaft nach Zuffenhausen.

Gerhard Mitter wird 1968 auf Porsche Europa-Bergmeister.

Bei den Sportwagen löst im Sommer der Porsche 911 E, der mit einer mechanischen Doppelreiheneinspritzpumpe ausgerüstet ist, die „L"-Version ab. Angeboten wird das nun 103 kW (140 PS) starke Coupé zu einem Preis von 21.645 DM – die Targa-Version schlägt mit rund 2.000 DM Aufpreis zu Buche.

1969

Im Frühjahr stellt Porsche auf dem Genfer Automobilsalon erstmals den unter der Regie von Ferdinand Piëch entwickelten Typ 917 vor, von dem als Homologationsserie bereits bis Ende April 25 Exemplare entstehen. Mit einem 4,5-Liter-Zwölfzylindermotor soll der 917 die erfolgreichen Typen 907 und 908 ablösen und in der Hubraumklasse bis fünf Liter für Furore sorgen.

Die 25 Exemplare zur Homologation des 917 auf dem Porsche-Werkshof.

Nachdem der Porsche 917 zunächst bei seinen ersten drei Einsätzen wegen technischer Defekte ausfällt, beginnt am 10. August bei dem 1000-Kilometer-Rennen auf dem Österreichring mit einem Sieg von Jo Siffert und Kurt Ahrens die bis 1973 anhaltende Erfolgsgeschichte des heute legendären Porsche-Rennsportwagens in den Karosserieformen Langheck (LH) und Kurzheck (KH).

Jo Siffert und Kurt Ahrens feiern 1969 auf dem Österreichring den ersten Sieg eines 917 KH.

Der erfolgreichste Sportwagen der Saison 1969 ist der aufgrund einer Reglementänderung als offener Spyder konzipierte Porsche 908/02. Zu den größten Triumphen des 600-Kilogramm-Rennwagens gehören die

Ferry Porsche (4. v. l.) im Kreis der Rennfahrer bei der Targa Florio 1969.

Rennerfolge in Brands Hatch (Dreifachsieg), in Monza (Dreifachsieg), bei der Targa Florio (Vierfachsieg) sowie in Watkins Glen (Dreifachsieg). Am Ende des Rennjahres 1969 gewinnt Porsche überlegen die Markenweltmeisterschaft.

Im Rallye-Sport stellt der Porsche 911 S seine Zuverlässigkeit mit einem Doppelsieg bei der Rallye Monte Carlo (Waldegård/Helmer und Larrousse/Perramond) eindrucksvoll unter Beweis.

Porsche belegt die ersten beiden Plätze bei der Rallye Monte Carlo 1969.

Mit einem Betriebskapital von 5 Millionen DM wird im April 1969 die VW-Porsche-Vertriebsgesellschaft mbH gegründet. Zweck der Unternehmung ist der Vertrieb der neuen Typen 914/4 und 914/6, die von Porsche und Volkswagen gemeinsam entwickelt und im Herbst 1969 auf der Frankfurter IAA präsentiert werden.

914/4 (links) und 914/6 auf der IAA in Frankfurt 1969.

Die Porsche of America Corporation (POAC) wird zum Jahresende 1969 aufgelöst und ihre Aktivitäten werden durch die Porsche-Audi Division der Volkswagen of America Inc. übernommen.

Letzter Boxenstopp bevor Helmut Marko und Gijs van Lennep auf einem 917 KH die 24 Stunden von Le Mans 1971 gewinnen.

1970 —— GESAMTSIEGE —— 1979

„Das größte Risiko meines Lebens."

Ferdinand Piëch

1930 1940 1950 1960 1970er Jahre 1990 2000 2010 2020

1970

Bei einem Grundpreis von weniger als 12.000 DM entwickelt sich der VW-Porsche 914 zu einem Verkaufsschlager. Von der Vierzylinder-Version mit 1,7-Liter-Motor werden allein im Jahr 1970 insgesamt 13.312 Fahrzeuge abgesetzt. Der mit einem Verkaufspreis von 19.980 DM weit oben positionierte Porsche 914/6 ist mit dem 2-Liter-Sechszylindermotor des Porsche 911 T mit 81 kW (110 PS) ausgestattet, der ihm beeindruckende Fahrleistungen verleiht.

Der VW-Porsche 914/4 erhält einen Mittelmotor.

Erstmals in der Geschichte der Rallye Monte Carlo gelingt es Porsche, mit dem 911 S zum dritten Mal hintereinander einen Doppelsieg zu erzielen. Weitere Triumphe folgen, sodass am Ende des Jahres für Porsche der Gewinn der Rallye-Markenweltmeisterschaft feststeht.

Björn Waldegård und Lars Helmer holen sich den ersten Platz im Gesamtklassement der Rallye Monte Carlo.

Mit neun von zehn möglichen Siegen sichert sich Porsche mit den Typen 917 und 908/03 erneut überlegen die Markenweltmeisterschaft. Die Siegesserie beginnt in Daytona und hält in Brands Hatch, Monza, Spa, auf dem Nürburgring, bei der Targa Florio, in Le Mans, Watkins Glen und auf dem Österreichring weiter an. Besonders bemerkenswert ist die Leistung von Hans Herrmann und Richard Attwood am 14. Juni 1970 in Le Mans. Im 917 KH von Porsche Salzburg erzielen die beiden Piloten erstmals einen Le-Mans-Gesamtsieg für die Stuttgarter Automobilmarke.

Hans Herrmann und Richard Attwood erzielen mit dem 917 den ersten Porsche Gesamtsieg in Le Mans.

Die Targa Florio endet am 3. Mai 1970 mit einem Doppelsieg von Siffert/Redman und Kinnunen/Rodriguez auf dem Porsche 908/03 Spyder. Der in extremer Leichtbauweise hergestellte Rennwagen wird 1970 und 1971 bei insgesamt vier Rennen eingesetzt, von denen er drei gewinnen kann.

Die Targa Florio des Jahres 1970 gewinnen Jo Siffert und Brian Redman auf Porsche 908/03.

Im September 1970 erhöhen die beiden Gesellschafter der Dr. Ing. h.c. F. Porsche KG, Ferry Porsche und Louise Piëch, das Stammkapital des Unternehmens von drei auf 20 Millionen DM. Der Umsatz der Porsche KG beträgt zu diesem Zeitpunkt rund 430 Millionen DM, die von 3.891 Mitarbeitern erwirtschaftet werden.

1971

In Zusammenhang mit der im Vorjahr vollzogenen Kapitalerhöhung wird zum 1. April 1971 die Geschäftsleitung der Dr. Ing. h.c. F. Porsche KG vergrößert. Neben Geschäftsführer Ferry Porsche ist das Gremium nun durch Heinz Branitzki (Finanzen), Karlernst Kalkbrenner (Personal), Ferdinand Piëch (Technik), F. A. Porsche (Design) und Michel Piëch (Administration) erweitert. Zum 1. Oktober übernimmt Ernst Fuhrmann das Ressort Technik. Neu hinzu kommt der Bereich „Fremdentwicklung“, der von Ferdinand Piëch geführt wird.

Erstmals startet das Werk bei der East African Safari Rallye. Der Pole Sobiesław Zasada und sein Beifahrer Bień Marian belegen mit einem speziell umgebauten 911 S 2.4 (ST) den fünften Platz. Die Rallye über werden sie von einem Flugzeug begleitet, woraus frühzeitig Infos und Ersatzteilbedarfe an die wartenden Mechaniker durchgegeben werden.

Porsche nutzt bei der East African Safari Unterstützung aus dem Flugzeug.

Für das Rennen in Le Mans entsteht ein 917/20 mit sehr voluminöser Karosserie, die letztlich eine Kombination aus Kurz- und Langheck darstellt. Die üppigen Rundungen inspirieren die Porsche-Designabteilung zur Lackierung in Rosarot und zur Markierung einzelner Partien nach Metzgerart. Die „Sau“ avanciert zum meistfotografierten Rennwagen bei dem 24-Stunden-Klassiker, scheidet aber nach einem Unfall wegen eines Bremsdefekts aus.

Der Porsche 917/20 „Sau“ mit markantem Design in Le Mans.

Im Sommer 1971 beginnt der schrittweise Umzug des Entwicklungsbereiches mit den Abteilungen Konstruktion, Versuch und Design vom Zuffenhausener Stammwerk in das neue Entwicklungszentrum in Weissach (EZW). Neben hauseigenen Entwicklungen entstehen in der auch als „Denkfabrik" bezeichneten Anlage in den Folgejahren - neben zahlreichen Konstruktionen für Volkswagen - auch Projekte wie der kompakte Vierzylindermotor für den spanischen Automobilhersteller Seat oder ein kompletter Kleinwagen für den sowjetischen Staatsbetrieb AvtoVAZ (Lada).

Für das Entwicklungszentrum Weissach entstehen die ersten Gebäude.

Um den strengen Abgasvorschriften des wichtigsten Absatzmarktes in den Vereinigten Staaten gerecht zu werden, entwickelt Porsche den seit August 1971 in den Modellen 911 T, E und S verfügbaren 2,4-Liter-Sechszylindermotor, der mit Normalbenzin betrieben werden kann. Der für das Modelljahr 1972 überarbeitete Porsche 911 S gilt als der erste Seriensportwagen der Welt mit Frontspoiler.

Als erster Seriensportwagen der Welt verfügt der 911 S über einen Frontspoiler.

Wie im Vorjahr wird auch die Rennsaison 1971 durch den Porsche 917 dominiert und so gewinnt Porsche mit acht von zehn Rennsiegen souverän die Markenweltmeisterschaft. Den Saisonhöhepunkt bildet ein erneuter Sieg bei den 24 Stunden von Le Mans – diesmal durch Gijs van Lennep und Dr. Helmut Marko – im Porsche 917 KH. Mit einer Durchschnittsgeschwindigkeit von 222,304 km/h und einer zurückgelegten Distanz von 5.335 Kilometern stellen sie zwei Rekorde auf, wobei letzterer 39 Jahre lang bestehen wird. Einen weiteren Bestwert erreicht ein 917 Langheck Coupé: Auf der Mulsanne-Geraden wird der Rennwagen mit einer Höchstgeschwindigkeit von 387 km/h gemessen.

1972

Die Gesellschafter der Dr. Ing. h.c. F. Porsche KG beschließen zum Jahresbeginn, die Kommanditgesellschaft zum Geschäftsjahresbeginn am 1. August in eine Aktiengesellschaft mit einem Grundkapital von 50 Millionen DM umzuwandeln. Den Aufsichtsratsvorsitz übernimmt Ferry Porsche – Sprecher des Vorstandes der Porsche AG wird Ernst Fuhrmann. Der Umwandlung von der KG zu einer AG geht der Beschluss der Familien Porsche und Piëch voraus, zukünftig keine operativen Führungspositionen mehr mit Familienangehörigen besetzen zu wollen.

Porsche Aufsichtsratsvorsitzender Ferry Porsche (links) und Vorstandssprecher Ernst Fuhrmann.

Im Zuge des Engagements im Canadian American Challenge Cup (CanAm) setzt im Juni das private Penske-Rennteam in Mosport erstmals den Porsche 917/10 Spyder mit Turbolader ein. Mit einer Leistung von bis zu 1.000 PS dominiert der Rennsportwagen die Rennserie und holt mit Siegen in Road Atlanta, Mid-Ohio, Elkhart Lake, Laguna Seca und Riverside für Porsche die CanAm-Meisterschaft. In der europäischen Interserie gewinnt der 917/10 nicht nur auf Anhieb den fünften Lauf auf dem Hockenheimer Motodrom, sondern zudem die gesamte Meisterschaft.

Gerorge Follmer und Mark Donohue erzielen beim CanAm-Rennen in Laguna Seca einen Doppelsieg für Porsche.

Im Oktober 1972 präsentiert Porsche auf dem Pariser Automobilsalon ein neues Basisfahrzeug für den Renn- und Rallyesport, den „Carrera RS“ – den ersten Porsche 911 mit dem Beinamen „Carrera“. Zunächst als Homologationsserie von 500 Stück aufgelegt,

wird der äußerlich durch Front- und Bürzel-Heckspoiler charakterisierte RS von Kundenseite derart stark nachgefragt, dass Porsche 1.525 Stück des mindestens 34.000 DM teuren Hochleistungssportwagens produziert. Verkauft wird das neue Modell neben der Basisversion vornehmlich in den zwei Versionen „Sport" und „Touring" sowie als Rennsportvariante 911 Carrera RSR, von der 55 Einheiten entstehen. Zum ersten motorsportlichen Einsatz kommt der RSR bei der Tour de Corse am 4. und 5. November 1972.

Zum Jahresende beschäftigt das Unternehmen Porsche insgesamt 3.950 Mitarbeiter. Von der Modellreihe 911 werden bis zum Ende des Jahres 14.265 Fahrzeuge verkauft. Es entfallen dabei 59,6 Prozent auf den 911 T, 16,2 Prozent auf den 911 E, 22 Prozent auf den 911 S und 2,2 Prozent auf den 911 Carrera RS 2.7.

Der 911 Carrera RS 2.7 mit dem markanten „Entenbürzel" Heckspoiler.

Porsche 911 T 2.4 Targa (USA) und Porsche 911 E 2.4 Coupé.

1973

Nach der im Vorjahr durchgeführten Umwandlung zur Aktiengesellschaft wird die Dr. Ing. h.c. F. Porsche AG am 1. März offiziell in das Handelsregister eingetragen.

Der stärkste Rennsportwagen seiner Zeit, der Porsche 917/30 Spyder, erlebt im Mai seine Rennsportpremiere. Die Überlegenheit des 882 kW (1.200 PS) starken Rundstrecken-Rennwagens ist so offensichtlich, dass das Reglement der CanAm-Serie kurzfristig geändert wird, um den 917 von einer weiteren Teilnahme in der Saison 1974 auszuschließen. Neben dem CanAm-Titel des Porsche 917/30 gewinnt ein 917/10 parallel dazu die europäische Interserie.

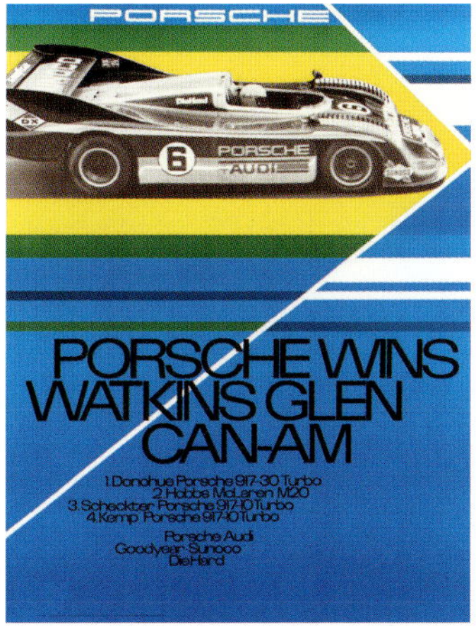

Der Porsche 917/30 dominiert die amerikanische CanAm-Serie.

Herbert Müller und Gijs van Lennep siegen auf dem Porsche 911 Carrera RSR bei der Targa Florio 1973.

Mit dem 911 Carrera RSR beteiligt sich Porsche an der Markenweltmeisterschaft der Prototypen. Die Werkswagen erzielen bei der zum letzten Mal ausgetragenen Targa Florio den Gesamtsieg (Müller/van Lennep) sowie GT-Siege bei den 6 Stunden von Vallelunga, den 1000 Kilometern von Dijon und Spa. Auch Kundenteams setzen den RSR bei Sportveranstaltungen ein und gewinnen unter anderem die 24 Stunden von Daytona, die Europa- und die Deutsche Rallyemeisterschaft.

Mit einer erfolgreichen Rekordfahrt über zehn Kilometer stellt der 911 Carrera RS 2.7 Coupé seine Sportlichkeit unter Beweis.

Auf der Volkswagen-Hochgeschwindigkeitsbahn in Ehra-Lessin stellt Huschke von Hanstein mit einem Porsche 911 Carrera RS 2.7 zwei absolute Weltrekorde und vier internationale Klassenrekorde auf. Der ehemalige Porsche-Rennleiter verbessert bei stehendem Start die Rekorde über 10 Meilen und 10 Kilometer.

Die Modellreihe 911, nun intern G-Serie genannt, wird ab September mit neu gestalteten Sicherheits-Stoßfängern ausgestattet, die das Erscheinungsbild des 911 bis zum Beginn der Nachfolgegeneration 964 im Modelljahr 1989 prägen sollen. Daneben sorgen serienmäßige Dreipunkt-Sicherheitsgurte sowie Sitze mit integrierter Kopfstütze für erhöhten Insassenschutz.

Ab dem Modelljahr 1974 löst die G-Serie die erste 911-Generation ab.

Auf der Frankfurter Internationalen Automobilausstellung stellt Porsche mit dem Forschungsprojekt Langzeitauto (FLA) eine auf zwanzig Nutzungsjahre ausgelegte Fahrzeugstudie vor und sorgt damit weltweit bei Automobilherstellern für Aufsehen.

Das „Forschungsprojekt Langzeit-Auto" (FLA) wird 1973 auf der IAA in Frankfurt am Main präsentiert.

1974

Im Geschäftsjahr 1973/74 erfolgt der Erwerb der restlichen 50 Prozent der VW-Porsche-Vertriebsgesellschaft mbH durch die Porsche AG, die damit Alleinbesitzerin des Tochterunternehmens wird.

Der Hauptsitz der VW-Porsche Vertriebsgesellschaft mbH um 1971 in Ludwigsburg.

Der auf dem Pariser Automobilsalon ausgestellte Porsche 911 Turbo kommt einer Sensation gleich. Optisch ist der intern Typ 930 genannte Wagen anhand seiner verbreiterten Karosserie, den Breitreifen sowie dem Frontspoiler und dem Heckflügel zu erkennen. Der seit dem Frühjahr 1975 ausgelieferte 911 Turbo gilt als das schnellste Serienfahrzeug seiner Zeit.

Der 911 Turbo 3.0 ist der erste Seriensportwagen von Porsche mit Turboaufladung.

Das immense Potenzial des neuen 911 Carrera RSR Turbo 2.1 offenbart sich bereits im Juni mit einem zweiten Platz bei den 24 Stunden von Le Mans. Die in der Rennabteilung beim Aufbau des Rennwagens gewonnenen Erkenntnisse fließen unmittelbar in die Entwicklung der Serienversion des 911 Turbo ein.

Herbert Müller am Steuer des 911 Carrera RSR Turbo 2.1 bei den 24 Stunden von Le Mans.

Die Bedeutung des Porsche 911 als Kundensportfahrzeug spiegelt sich auch im Gewinn zahlreicher internationaler Championate wider. Darunter befinden sich im Jahr 1974 unter anderem der FIA-Pokal für GT-Wagen, die Europa-GT-Meisterschaft sowie die IMSA-GT- und Trans-Am-Meisterschaft.

Mit einem zweiten Platz endet das Engagement der Porsche-Werksmannschaft bei der Safari-Rallye in Kenia – dem wohl schwierigsten Rallye-Wettbewerb seiner Zeit. Ähnlich wie zwei Jahre zuvor ist es auch 1974 nur ein kleiner technischer Defekt, der einen Sieg des Porsche 911 Carrera RS 2.7 vereitelt.

Das Kundenteam von Brumos gewinnt die amerikanische TransAM und IMSA-GT-Serie.

Der Porsche 911 Carrera RS 2.7 „Safari" beendet die East-African Safari mit einem zweiten Platz.

Luftaufnahme des Porsche Werk 8 in Weissach vom 1. Juli 1975.

Am 20. September werden die Arbeiten des zweiten Bauabschnitts des Entwicklungszentrums Weissach endgültig abgeschlossen und Prüfstände, Werkstätten und Laboratorien eingeweiht. Sämtliche Entwicklungsabteilungen befinden sich nunmehr an einem zentralen Ort. So können die aus aller Welt eingehenden Kundenaufträge in optimierter Organisationsweise bearbeitet werden.

1975

Das „SAVE“ (Schnelle Ambulante Vorklinische Erstversorgung) genannte Projekt zur Entwicklung eines innovativen Rettungswagens wird 1975 im Entwicklungszentrum Weissach gestartet. Das System besteht aus einem Rettungsfahrzeug mit mobiler Rettungseinheit und wird bis 1984 in verschiedenen Projektphasen weiterentwickelt.

Im Rahmen eines Projekts zur Entwicklung eines innovativen Rettungswagens entsteht der „SAVE“.

Als erster Automobilhersteller bringt die Porsche AG serienmäßig beiderseitig feuerverzinkte Bleche zum Einsatz. Porsche erhöht somit die Langlebigkeit der korrosionsgeschützten Karosserien nachhaltig und gewährt eine Langzeitgarantie gegen Rostschäden von bis zu sechs Jahren.

Ab dem Modelljahr 1976 kommen beim Porsche 911 feuerverzinkte Karosseriebleche zum Einsatz.

Zum Beginn des neuen Geschäftsjahres wird die in Ludwigsburg ansässige VW-Porsche Vertriebsgesellschaft mbH am 31. Juli auf die Dr. Ing. h.c. F. Porsche AG übertragen.

Porsche 917/30 Spyder vor dem Geschwindigkeitsweltrekord in Talladega, USA.

Im August 1975 stellt der amerikanische Rennfahrer Mark Donohue mit einem Porsche 917/30 Spyder in Talladega, USA, einen neuen Rundenweltrekord auf. Seine Durchschnittsgeschwindigkeit beträgt 355,86 km/h.

Trotz des Fehlens eines offiziellen Werksteams kann dank eines breiten Kundensport-Verkaufsprogramms zum Saisonabschluss auf eine überdurchschnittliche Erfolgsbilanz verwiesen werden. Neben nationalen Titelgewinnen – wie beispielsweise der Deutschen Rallye-Meisterschaft – werden zudem die Interserie sowie die IMSA-Serie von Porsche-Rennfahrzeugen gewonnen.

Porsche-Kunden dominieren die Siegerlisten der IMSA-Rennserie.

1976

Der zum Jahresbeginn neu in das Verkaufsprogramm aufgenommene Porsche 924 in Transaxle-Bauweise wird in Auftragsarbeit bei der Audi NSU Auto Union AG in Neckarsulm montiert. Bereits im März 1972 hatte Volkswagen den Entwicklungsauftrag (EA) 425 zum Bau eines Nachfolgers für den VW-Porsche 914 erteilt. Der EA 425 befindet sich bereits im Stadium der Serienvorbereitung, als Volkswagen das Projekt Ende 1974 aus modellpolitischen Gründen stoppt. Porsche erwirbt daraufhin die Rechte an der serienreifen Konstruktion. Aufgrund der großen weltweiten Nachfrage steigt die Fertigung bis Juli auf 80 Fahrzeuge pro Tag an, sodass auf das Einsteigermodell zum Ende des Geschäftsjahres ganze 48 Prozent des Fahrzeugumsatzes entfallen. Bis zum Produktionsende des 924 S im Jahr 1988 entstehen 150.684 Fahrzeuge.

Der Porsche 924 war ursprünglich ein Entwicklungsauftrag für den Volkswagen Konzern.

Mit dem 935 reagiert Porsche 1976 auf das neue Gruppe-5-Reglement der Markenweltmeisterschaft. Auf der Basis des Typ 930 entsteht der 433 kW (590 PS) starke 935 in absoluter Leichtbauweise. Er kann bereits die ersten Werkseinsätze in Mugello und Vallelunga gewinnen und nach weiteren Erfolgen wird der Weltmeistertitel zum Jahresende nach Stuttgart vergeben.

Porsche gewinnt 1976 sowohl die Markenweltmeisterschaft als auch die Sportwagen Weltmeisterschaft.

Neben der Markenweltmeisterschaft ist für das Jahr 1976 erstmalig auch eine Weltmeisterschaft für Sportwagen ausgeschrieben. Vor diesem Hintergrund entwickeln die Porsche-Renningenieure mit dem 936 einen weiteren Rennsportwagen, der parallel zum Kundensportwagen 935 an den Start gehen soll. Die bereits während der vielversprechenden Testfahrten beschlossene Le-Mans-Teilnahme wird mit einem Sieg von Jacky Ickx und Gijs van Lennep belohnt. Die Sportwagen-Weltmeisterschaft krönt der turboaufgeladene Porsche 936 mit der höchstmöglichen Punktzahl. Auf dem Höhepunkt angelangt, zieht sich die Porsche AG daraufhin nahezu vollständig aus dem Renngeschehen zurück und beschränkt sich auf die technische Unterstützung von Privatteams.

Am 6. November bestellt der Aufsichtsrat der Dr. Ing. h.c. F. Porsche AG den bisherigen Sprecher des Vorstandes, Ernst Fuhrmann, zum Vorstandsvorsitzenden. Zu seinem Stellvertreter wird Heinz Branitzki bestimmt.

Der Porsche-Vorstandsvorsitzende Ernst Fuhrmann.

1977

Einen luxuriösen Hochleistungssportwagen stellt Porsche im Frühjahr mit dem 928 der Öffentlichkeit vor. Neben einem V8-Leichtmetallmotor, einem Aluminiumfahrwerk und der spurkorrigierenden „Weissach-Hinterachse" geht Porsche beim 928 auch mit der unter der Leitung von Design-Chef Anatole Lapine entstandenen Karosserieform neue Wege.

Der 928 mit Transaxle-Bauweise kommt ab Modelljahr 1978 auf den Markt.

Fast drei Jahrzehnte nach Fertigstellung des ersten Sportwagens mit dem Namen Porsche wird am 3. Juni das 250.000. produzierte Fahrzeug gefeiert. Dies geschieht vor dem Hintergrund einer außerordentlich guten wirtschaftlichen Unternehmenslage, sodass das Geschäftsjahr 1976/77 mit einem Umsatz von einer Milliarde DM abgeschlossen werden kann.

Ansprache von Ferry Porsche anlässlich der Produktion des 250.000. Porsche.

Die Modellreihe 911 erfährt eine Straffung. So stehen ab dem Spätsommer 1977 nur noch zwei Derivate des Dauerbrenners zum Angebot. Die einzig verbleibende Saugmotorvariante besteht im 911 SC, der sich optisch am 911 Carrera orientiert und mit einem

Porsche 911 Turbo 3.3 (vorne) und Porsche 911 SC aus dem Modelljahr 1978.

132 kW (180 PS) starken Triebwerk ausgestattet ist. Das Topmodell des Verkaufsprogramms, der 78.500 DM teure Porsche 911 Turbo 3.3, erfährt eine Leistungskur. Neben einer neuen Bremsanlage mit gelochten Bremsscheiben hebt ein Ladeluftkühler die Leistung des auf 3,3 Liter vergrößerten Motors auf 221 kW (300 PS) an.

Neben der Titelverteidigung in der Markenweltmeisterschaft mit dem 935 gewinnt Porsche mit dem 936 einmal mehr die 24 Stunden von Le Mans (Jacky Ickx/Jürgen Barth/Hurley Haywood). Eigens für die kleine Division der Deutschen Rennsportmeisterschaft bis zwei Liter Motorvolumen entwickelt, beweist der 935 „Baby", dass Porsche nicht nur in den großen Hubraumklassen siegen kann. Auf dem Hockenheimring deklassiert Jacky Ickx die Konkurrenz mit einer halben Runde Vorsprung.

Zieleinfahrt mit dem Porsche 936 zum insgesamt vierten Le-Mans-Sieg für die Zuffenhausener.

Im Auftrag des Bundesministeriums für Forschung und Technologie wird im Weissacher Entwicklungszentrum 1977 das Feuerwehrsystem „O.R.B.I.T" konstruiert. Zweck des Forschungsvorhabens ist es, die Feuerwehren durch eine zukunftsweisende technische Ausrüstung zu unterstützen.

O.R.B.I.T steht für Optimierte Rettung und Brandbekämpfung mit integrierter technischer Hilfeleistung.

1978

Der Porsche 928 wird als erster Sportwagen von einer internationalen Journalisten-Jury zum Auto des Jahres gewählt.

Preisverleihung in Monaco, 1978.

Auf Basis einer breiten Modellpalette von Vier-, Sechs- und Achtzylinder-Sportwagen kann zum Ende des Geschäftsjahres 1977/78 ein um zwölf Prozent auf 1,123 Milliarden DM angewachsener Umsatz ausgewiesen werden. Aufgrund der stetig steigenden Automobilkonjunktur wird dieser Wert für das Geschäftsjahr 1978/79 um weitere zwanzig Prozent auf 1,350 Milliarden DM verbessert.

Der Porsche 924 Turbo ist optisch an den Kühlschlitzen im Bug sowie den 15-Zoll-Felgen zu erkennen.

Zu den internationalen Rennerfolgen zählen 1978 der insgesamt sechste Sieg in der Markenweltmeisterschaft, der Gewinn der Europa-Sportwagenmeisterschaft, der IMSA- und Interserie sowie der

Europa-Bergmeisterschaft. Zu einer besonderen Überraschung gerät der Triumph der Crew Nicolas/Lavenne bei der Rallye Monte Carlo. Mit einem 911 Carrera beenden die Privatfahrer die Rallye vor zahlreichen Werksteams als Sieger.

Ein Porsche Rennplakat feiert die Erfolge der Saison 1978.

Bei der Rallye East African Safari gehen Vic Preston jr. und Björn Waldegård mit zwei Porsche 911 SC an den Start der 5.000 Kilometer andauernden Tortur. Am Ende reicht es für Rang Zwei und Vier.

Gruppenfoto mit Fahrern, Mechanikern und Ingenieuren bei der East African Safari 1978.

Mit dem 935/78 „Moby Dick" entsteht die stärkste jemals gebaute Variante eines Porsche 911. Die Rennkarriere des mit zwei Turboladern bestückten und bis zu 621 kW (845 PS) starken Rennwagens währt jedoch nur vier Rennen. Nach einem Sieg beim 6-Stunden-Rennen in Silverstone und einem achten Gesamtrang in Le Mans verhindern technische Probleme in Vallelunga einen weiteren Erfolg.

Aufgrund seiner Form erhält der 935/78 „Moby Dick" den Namen des Wals aus dem Buch von Herman Melville.

Den ersten Porsche Tennis Grand Prix gewinnt Tracy Austin.

In Filderstadt wird im Oktober erstmalig der Porsche Tennis Grand Prix der Damen ausgerichtet. Das Preisgeld in Höhe von 35.000 US-Dollar erhält die Tennisspielerin Tracy Austin, nachdem sich diese im Einzel-Endspiel gegen Betty Stove durchsetzen konnte.

Zum Modelljahreswechsel neu im Verkaufsprogramm: der Porsche 924 Turbo. Das Unternehmen kommt mit dem erstmals Anfang 1979 ausgelieferten Modell dem von vielen Kunden geäußerten Wunsch nach mehr Leistung entgegen. Mit 125 kW (170 PS) kann die Motorleistung gegenüber dem Saugmotor um 36 Prozent erhöht werden.

1979

Die Zuverlässigkeit des neuen Porsche 924 Turbo wird eindrucksvoll durch Rudi Lins und Gerhard Plattner während einer 37.000 Kilometer dauernden Fernfahrt von New York nach Wien unter Beweis gestellt.

Der 924 Turbo beweist seine Zuverlässigkeit bei einer Langstreckenrekordfahrt.

Mit einer Überraschung wartet Porsche auf dem Messestand der Frankfurter IAA auf: Der auf Basis des 924 Turbo entstandene 924 Carrera GT ist ein gleichermaßen für Wettbewerbszwecke wie Straßenbetrieb geeigneter Sportwagen. Für interessierte Kunden ist der 924 Carrera GT ab dem Modelljahr 1981 erhältlich.

Der Porsche 924 Carrera GT ist eine 154 kW (210 PS) starke und 150 Kilogramm erleichterte Wettbewerbsversion.

Hinter der internen Bezeichnung Typ 995 verbirgt sich die im Jahr 1979 im Auftrag des Bundesministeriums für Forschung und Technologie durchgeführte Studie eines Zukunfts-Sportwagens. Die Konzeption der viersitzigen Studie berücksichtigt insbesondere die Forschungsschwerpunkte Verbrauch, Sicherheit und Lärmemission.

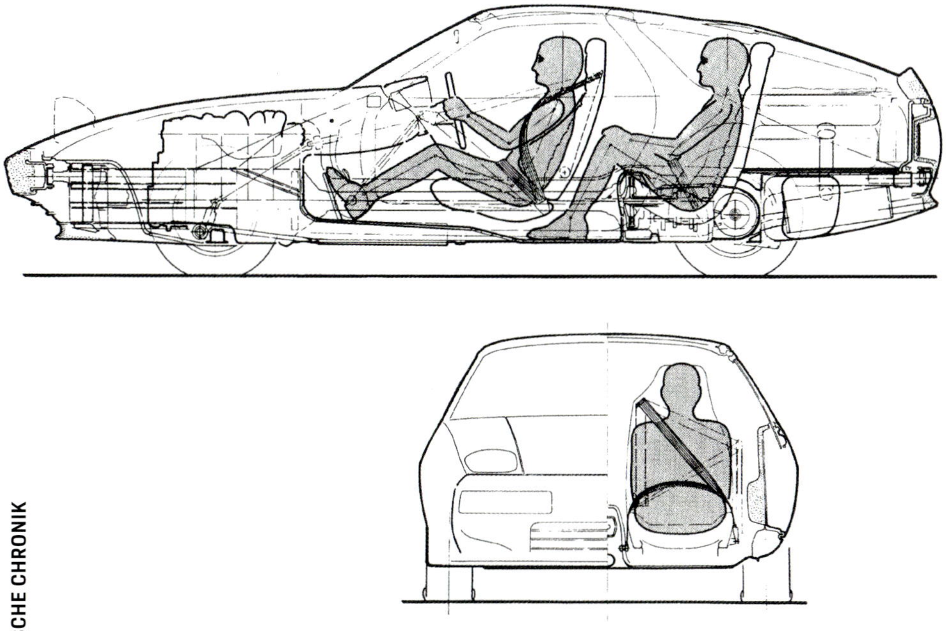

Der Porsche 995 wird 1979 als Konzeptstudie eines viersitzigen Zukunfts-Sportwagens präsentiert.

Im Herbst wird mit der Fertigung des Porsche 928 S begonnen. Die Leistung des mit Front- und Heckspoiler bestückten Edelsportwagens beträgt nunmehr 221 kW (300 PS).

Ferry Porsche und der Porsche 928 S vor der Stuttgarter Porsche-Villa.

Für den nordamerikanischen Markt bietet Porsche erstmals auf bleifreien Kraftstoff ausgelegte Motoren mit geregeltem Katalysator und Lambda-Sonde an.

Bei reduzierter Werksaktivität sind es 1979 vornehmlich Privatteams, die für Porsche 15 nationale und internationale Meisterschaftssiege erzielen. Zu diesen Erfolgen gehören unter anderem die Triumphe in der Deutschen Rennsportmeisterschaft, der Europa-Bergmeisterschaft sowie der IMSA- und TransAm-Meisterschaft. Über allem steht erneut der Gewinn der Markenweltmeisterschaft, der nicht zuletzt durch die Erfolge von privaten Fahrzeugen vom Typ 935 bei den 24-Stunden-Rennen von Daytona und Le Mans errungen wird.

Überraschend gibt Porsche im Dezember eine für das Jahr 1980 geplante Teilnahme am 500-Meilen-Rennen von Indianapolis bekannt. Reglementprobleme verhindern jedoch den Einsatz des Porsche-Interscope „Indy".

Kundensportteams erringen zahlreiche Erfolge für Porsche, darunter auch WM-Titel.

Danny Ongais fährt den über 900 PS starken Porsche-Interscope „Indy".

Ab dem Modelljahr 1989 ist der 911 auch mit Allradantrieb erhältlich. Die ersten 200 Vorführwagen holen die Porsche-Handelsorganisationen in Weissach auf dem Skid Pad ab.

1980 — RENNEN UND RALLYES — 1989

„Der Allradantrieb für die Rallye Paris-Dakar war ein Highlight. Das kommt sofort nach dem Dreifachsieg in Le Mans 1982."

Peter Falk

1980

Als Repräsentant einer neuen Porsche-Generation tritt der 924 während der Motorsportsaison publikumswirksam in Aktion. Anlässlich des Debüts des Porsche 924 Carrera GT bei den 24 Stunden von Le Mans sehen alle drei angetretenen Werkswagen die Zielflagge. In der amerikanischen SCCA-Meisterschaft gehen 25 Siege auf das Konto des Transaxle-Sportwagens.

Der Porsche 924 wurde speziell für das Langstreckenrennen in Le Mans umgebaut.

Mit den Rennsportwagen 935 und 911 SC erringt Porsche neben den IMSA- und TransAm-Meisterschaften drei Europameistertitel sowie die Weltmeisterschaft für Langstreckenfahrer. Einen weiteren Saisonhöhepunkt bildet der 1-2-3-Sieg beim 24-Stunden-Rennen von Daytona.

Ein besonderer Erfolg: Porsche belegt beim 24-Stunden-Rennen in Daytona die ersten drei Plätze.

In Kooperation mit dem Unternehmen Airbus Industries beginnen die Weissacher Ingenieure mit der Gestaltung eines ergonomischen Cockpit-Layouts für Airbus-Passagierflugzeuge. Der unter der Porsche-Projektbezeichnung Typ 2603 durchgeführte Entwicklungsauftrag dauert von 1980 bis 1984.

Cockpit im Airbus A310 nach der Entwicklungsarbeit von Porsche.

Auf sieben Jahre Langzeitschutz gegen Durchrostung erweitert Porsche die Garantie für Fahrzeuge ab dem Modelljahr 1981. Die Gewährleistung bezieht sich auf die gesamte Karosserie, die nun komplett aus feuerverzinktem Stahlblech hergestellt wird.

Auf die feuerverzinkte Karosserie gewährt Porsche sieben Jahre Garantie gegen Durchrostung.

Auf der achten „Internationalen Konferenz über Experimentier-Sicherheitsfahrzeuge" stellt die Porsche AG im Oktober die „P.E.S." benannte Forschungsstudie Typ 960 vor. Formal dem Porsche 928 ähnlich, ist die gesamte Frontpartie des Versuchsfahrzeuges aus Aluminium gestaltet.

Porsche Typ 960, 1980.

1981

Der Deutsch-Amerikaner Peter W. Schutz übernimmt zum 1. Januar von Ernst Fuhrmann das Amt des Vorstandsvorsitzenden der Dr. Ing. h.c. F. Porsche AG.

Peter W. Schutz übernimmt das Amt des Vorstandsvorsitzenden.

Ein in Weissach entwickeltes Porsche Doppelkupplungsgetriebe (PDK) erlaubt das Schalten von Gangstufen ohne Zugkraftunterbrechung. Der erste Versuchseinsatz des Getriebes erfolgt 1983 in einem Porsche 956.

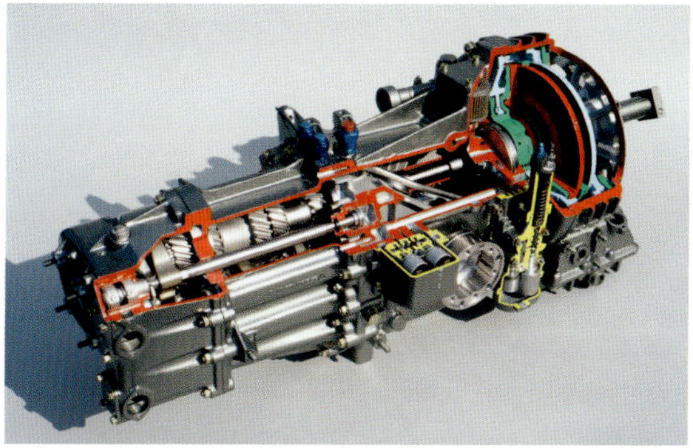

Das Porsche Doppelkupplungsgetriebe (PDK) wird zunächst im Rennsport erprobt.

Unter der Bezeichnung 924 GTP Le Mans schickt Porsche beim 24-Stunden-Rennen von Le Mans einen Prototyp des künftigen 944 an den Start. Der neue Wagentyp erweist sich als äußerst zuverlässig, sodass Walter Röhrl und Jürgen Barth das Rennen mit einem Klassensieg beenden können. Ein weiterer Le-Mans-Teilnehmer aus Stuttgart krönt das 50-jährige Firmenjubiläum mit einem Gesamtsieg: Der Porsche 936/81 Spyder mit dem Fahrerteam

Jacky Ickx und Derek Bell war kurz vor dem Rennen auf Basis eines 936 aus der Rennsaison 1976 entstanden und mit einem neu entwickelter 2,65-Liter-Sechszylindermotor ausgestattet worden.

Nach 1976 und 1977 gewinnt der Porsche 936 im Jahr 1981 zum dritten Mal das 24-Stunden-Rennen von Le Mans.

Die Serienversion des 944 präsentiert Porsche erstmals auf der Frankfurter IAA. Mit einem 120 kW (163 PS) starken Vierzylindermotor ist der 944 zwischen dem Einstiegsmodell 924 und dem 911 SC positioniert. Für besonderes Aufsehen sorgt eine parallel ausgestellte Allrad-Cabriolet-Studie auf der Basis des Porsche 911 Turbo.

Porsche 911 Turbo 3.3 4x4 Cabriolet auf der IAA 1981.

Unter Verwendung des Boxermotors der Modellreihe 911 entsteht der für Kleinflugzeuge vorgesehene Porsche-Flugmotor PFM 3200. Der Motor zeichnet sich durch niedrigen Kraftstoffverbrauch, geringe Lärmemissionen und einfache Bedienbarkeit aus.

Der Sechszylinder Boxermotor funktioniert nicht nur auf der Straße, sondern auch in der Luft.

Im Zeitraum von 1981 bis 1984 beschäftigt sich das Weissacher Entwicklungszentrum im Bereich für Fremdentwicklungen externer Firmen mit der Konstruktion einer neuen Modellfamilie von Linde-Gabelstaplern, deren Design nach den neuesten Erkenntnissen der Ergonomie erfolgt und den Beginn einer langjährigen Kooperation markiert.

Im Entwicklungszentrum in Weissach werden auch Fremdaufträge externer Firmen bearbeitet.

1982

Die Markteinführung des Porsche 944 sorgt zum Jahresbeginn weltweit für großes Interesse bei Presse, Handelspartnern und Kunden. Bis zum Produktionsende im Jahr 1991 werden insgesamt 163.302 Vierzylinder-Sportwagen der Modellreihe 944 produziert.

Neben dem 924 ist der 944 das zweite Vierzylinder-Transaxle-Modell von Porsche.

Ein Meilenstein der Porsche-Modellgeschichte ist das im März auf dem Genfer Automobilsalon präsentierte 911 SC Cabriolet. Der offene Sportwagen zeichnet sich durch ein neu konstruiertes Cabriolet-Verdeck in Dreispriegeltechnik aus. In das Stoffdach integrierte Stahlblechprofile sorgen neben der Formstabilität bei hohen Geschwindigkeiten gleichzeitig für ein niedriges Geräuschniveau und einen guten Überrollschutz.

Nach 19 Jahren bringt Porsche wieder ein Cabriolet auf den Markt.

Das Motorsportjahr 1982 steht im Zeichen neuer Rekorde. So kann die Marke Porsche in Le Mans neben den Plätzen Eins bis Fünf nahezu alle Klassen- und Sonderwertungen für sich verbuchen. Auf den ersten drei Plätzen steht der neue 956, der erste Porsche-Rennwagen mit Monocoque-Chassis und Ground-Effekt. In der Gruppe 5 siegt ein Porsche 935 K3, ein 934 in der Gruppe 4 sowie ein 935 in der IGTX- und ein 924 Carrera GTR in der IGT-Wertung. Weitere Höhepunkte der Saison sind neben einem Dreifachsieg in Daytona das Marken- und Fahrer-Championat bei der Langstrecken-Weltmeisterschaft sowie der IMSA-Rennserie.

Direkt beim ersten Einsatz in Le Mans kann der neu entwickelte 956 einen Dreifachsieg erringen.

Das Messzentrum für Umweltschutz (MZU), die erste autark arbeitende Abgas-Prüfanlage der Welt, wird im Spätherbst 1982 eröffnet. Die in Weissach angesiedelten Rollenprüfstände simulieren computergesteuert die realen Fahrwiderstände und machen somit unterschiedliche Testzyklen reproduzierbar. In einer Klima-Druckkammer können Versuchsreihen innerhalb verschiedenster Klima- und Höhenbedingungen durchgeführt werden.

Tests am 928 S im MZU in Weissach.

In Zuffenhausen wird ein neues Hochregallager mit vollautomatischer Ein- und Auslagerung in Betrieb genommen, das durch fahrerlose Transportsysteme im unterirdischen Kanal mit der Montagelinie verbunden ist.

1983

Ein Hochleistungsfahrzeug der besonderen Art stellt Porsche auf der Frankfurter IAA vor: die Studie „Gruppe B“. Konzipiert als Wettbewerbsfahrzeug für Langstreckenrennen, ist die Karosserie des Prototyps von weichen Linien und Rundungen gekennzeichnet, die sich in den späteren 911-Generationen wiederfinden werden. Die serienreife Version der Studie „Gruppe B“ sorgt ab 1985 unter der Bezeichnung Porsche 959 weltweit für Furore.

Die Studie des 959 lässt schon auf das spätere Aussehen des Supersportwagens schließen.

Der zum „Motorsport-Automobil des Jahres“ gewählte Porsche 956 steht 1983 auch privaten Rennteams zur Verfügung, sodass die Siegesserie des Rennwagens nicht auf die Werkswagen beschränkt bleibt. Damit wird der Vorjahreserfolg beim 24-Stunden-Rennen von Le Mans sogar noch übertroffen. Am Ende belegt Porsche die Platzierungen eins bis acht. Zum Saisonfinale verdichten sich die zahlreichen Einzelsiege erneut zu internationalen Titeln wie der Marken- und Langstreckenweltmeisterschaft oder der IMSA-Marken- und Fahrermeisterschaft.

Das Rennplakat zum Le-Mans-Sieg 1983.

Stefan Bellof erreicht mit 6:11 Minuten einen fabelhaften Rekord auf der Nürburgring Nordschleife.

Beim Training für das 1000-Kilometer-Rennen auf dem Nürburgring fährt Stefan Bellof auf einem Porsche 956 erstmals in der Geschichte des Nürburgrings eine Durchschnittsgeschwindigkeit von mehr als 200 km/h.

Der im Auftrag des britischen Rennstalls McLaren International entwickelte und vom saudi-arabischen Geschäftsmann Mansour Ojjeh finanzierte „TAG-Turbo"-Motor feiert im Sommer 1983 im McLaren MP4 Formel-1-Rennwagen Premiere. Unter Leitung von Hans Mezger als 1,5-Liter-Sechszylinder-V-Motor mit Turbo-Aufladung konstruiert, leistet der ebenso leichte wie kompakte Antrieb bis zu 1000 PS. Mit insgesamt 25 Grand-Prix-Siegen und drei Weltmeisterschaftstiteln avanciert der „TAG-Turbo made by Porsche" in den Jahren 1984 bis 1986 zum dominierenden Triebwerk der Formel 1.

Der TAG-Turbo Motor von Porsche dominiert in den Jahren 1984 bis 1986 die Formel 1.

Zum 20. Geburtstag des Porsche 911 erfolgt im Spätsommer die Ablösung des 911 SC durch die 911 Carrera genannten Modelle. Der überarbeitete 3,2-Liter-Boxermotor mit digitaler Motor-Elektronik leistet nun 170 kW (231 PS).

Weiterhin erhältlich sind die Karosserievarianten Coupé, Targa und Cabriolet, welche für das Modelljahr 1984 um die für das 911 Coupé verfügbare Turbolook-Version ergänzt werden.

Ab Modelljahr 1984 heißen die Basismodelle des Elfers Carrera.

1984

Überraschend gewinnt der Porsche 911 Carrera 3.2 4x4 (953) bei der Rallye Paris-Dakar. Der in den Farben des Sponsors Rothmans lackierte Allrad-Prototyp wird von René Metge und Dominique Lemoyne gefahren. Es ist der erste Sieg eines Sportwagens bei dem Wüstenmarathon.

Intern wird der 911 Carrera 3.2 4x4 Paris-Dakar auch 953 genannt.

Eine Homologations-Sonderserie von 20 Fahrzeugen vom Porsche 911 SC RS wird zu Beginn des Jahres 1984 an Privatkunden mit Motorsportambitionen ausgeliefert.

Vom 911 SC RS werden nur 20 Exemplare zu Homologationszwecken gebaut.

Im Frühjahr erhöht Porsche das Grundkapital der Aktiengesellschaft von 50 auf 70 Millionen DM und führt gleichzeitig 50 Prozent des Grundkapitals als stimmrechtslose Vorzugsaktien an der Börse ein. Der Emissionskurs der seit dem 4. Mai gehandelten Wertpapiere wurde zuvor auf 780 DM festgelegt.

Unter der Regie der Porsche Enterprises Inc. übernimmt die Porsche Cars North America Inc. zum 1. September den Import von Porsche-Sportwagen nach Nordamerika. Der seit 1970 bestehende Vertrag mit der Volkswagen-Tochter Volkswagen of America Inc. war zum 31. August ausgelaufen. Weitere Neugründungen sind die Porsche España S.A. sowie die Porsche Italia S.p.A.

Fahrzeugtransporter von Porsche Cars North America in den USA.

Wie bereits in den beiden Jahren zuvor ist der 956 das dominierende Langstreckenrennfahrzeug und sichert Porsche erneut die Markenweltmeisterschaft. Obwohl in Le Mans kein Werksteam an den Start geht, belegen sieben private Porsche 956 die ersten Plätze.

Im McLaren Formel-1-Rennwagen MP4/2 tritt der TAG-Turbomotor seinen Siegeszug an. Mit zwölf von sechzehn gewonnenen Rennen erzielen Niki Lauda und Alain Prost unangefochten die ersten beiden Ränge der Fahrerweltmeisterschaft.

McLaren gewinnt unangefochten die Formel-1-Saison.

Ferry Porsche, 1984.

Der baden-württembergische Ministerpräsident Lothar Späth verleiht Ferry Porsche anlässlich seines 75. Geburtstages den Professorentitel.

Auf der Frankfurter IAA verdeutlicht der Porsche 959 die technische Kompetenz des Stuttgarter Sportwagenherstellers. Vom Biturbo-Boxermotor mit wassergekühlten Vierventil-Zylinderköpfen über das elektronisch geregelte Fahrwerk und Allradsystem bis hin zur aerodynamisch optimierten Karosserie zeigt Porsche mit dem 959 das im Automobilbau Mögliche auf.

1985

162 kW (220 PS) und einem c_W-Wert von 0,33 zählen die Fahrleistungen des im Januar vorgestellten Porsche 944 Turbo zu den besten seiner Klasse. Er gilt als das erste Automobil der Welt, das sowohl mit als auch ohne Katalysator eine identische Leistung vorweisen kann.

Der 944 Turbo spurtet in 6,3 Sekunden von 0 auf 100 km/h und erreicht eine Spitzengeschwindigkeit von 245 km/h.

Nur 292 Stück werden von dem Supersportwagen Porsche 959 gebaut.

Porsche 928 S aus
dem Modelljahr 1986.

Das seit 1983 im Porsche 928 S als Sonderwunsch verfügbare Antiblockiersystem (ABS) wird ab dem Spätsommer 1985 serienmäßig verbaut. Der Porsche 928 S ist zudem mit geregeltem Dreiwegekatalysator

erhältlich. Parallel dazu wird für alle Porsche-Sportwagen ab dem Modelljahr 1986 die Durchrostungsgarantie auf zehn Jahre erhöht.

Mit Antrieb, Bremsen und Fahrwerkskomponenten des Porsche 944 ausgestattet, repräsentiert der 924 S ab September die letzte Entwicklungsstufe des Porsche-Einsteigermodells.

Porsche 924 S
ab Modelljahr 1986.

Im Oktober startet der Porsche 959 erstmals nicht mehr mit dem Saugmotor des 911 Carrera 3.2, sondern mit dem mittlerweile fertiggestellten 2,8-Liter-Biturbo. Erster Einsatz ist die neuntägige Pharaonen-Rallye in Ägypten, bei der Saeed Al Hajri und John Spiller auf Anhieb den ersten Platz belegen.

Porsche 959 bei der Pharaonen-Rallye.

Der Porsche 962 bringt die Markenweltmeisterschaft zum vierten Mal in Folge nach Zuffenhausen. Daneben sichert sich Hans-Joachim Stuck während seiner ersten Porsche-Saison gemeinsam mit Derek Bell zusätzlich den Titel des Langstrecken-Fahrerweltmeisters. Private Porsche-Teams erzielen 1985 unter anderem große Erfolge in Monza und Le Mans sowie bei der amerikanischen IMSA-Serie und in der Deutschen Sportwagenmeisterschaft. In der Formel 1 gewinnt Alain Prost auf einem McLaren mit TAG-Turbomotor die Weltmeisterschaft.

Auch 1985 würdigt Porsche die Rennerfolge mit einem Siegerplakat.

1986

Zu Beginn des Jahres nimmt die Porsche Italia S.p.A. in Padua ihre Tätigkeit als Porsche-Importeur auf. Daneben hält die Porsche AG seit Januar 1986 sämtliche Anteile an der britischen Importeurs-Gesellschaft Porsche Cars Great Britain Ltd.

Die Franzosen René Metge und Dominique Lemoyne gewinnen die 14.000 Kilometer lange Rallye Paris-Dakar vor Jacky Ickx und Claude Brasseur in einem weiteren 959. Der dritte 959 mit Startnummer 187 belegt als „fliegender Servicewagen" mit Projektleiter Roland Kussmaul am Steuer und seinem Kollegen Wolf-Hendrik Unger als Beifahrer den sechsten Rang.

Porsche Windkanal im Entwicklungszentrum in Weissach.

Die Porsche Aviation Products Inc. in Washington/Illinois wird als Vertriebsgesellschaft für den Porsche-Flugmotor gegründet. Seine Zuverlässigkeit hatte der Porsche Flugmotor PFM 3200 im Vorjahr während eines Weltumrundungsfluges öffentlichkeitswirksam unter Beweis gestellt.

Mit dem Messzentrum für aerodynamische Forschungen und Untersuchungen verfügt das Entwicklungszentrum Weissach seit Juni 1986 über einen der leistungsfähigsten Windkanäle im internationalen Automobilbau. In Zuffenhausen sorgt zudem seit dem Frühjahr eine hochmoderne Lackieranlage mit umweltfreundlicher Technologie für optimalen Lackauftrag.

Mit den Attributen „umweltschonende Technik" und „sportliche Funktionalität" wird der seit August 1986 erhältliche Porsche 944 S beworben. Auch die Transaxle-Baureihe 928 erfährt nach neunjähriger Bauzeit eine umfassende Modellpflege und präsentiert den Porsche 928 S4 mit neuem Achtzylindermotor und aerodynamisch verbesserter Karosserie.

Porsche 928 S4.

Neben der Sportwagen-Weltmeisterschaft für Teams und Fahrer siegt Porsche 1986 beim Sport Auto Super Cup, der IMSA- und Interserie sowie mit dem TAG-Turbo-Motor in der Formel-1-Weltmeisterschaft. Die 24 Stunden von Le Mans enden mit dem insgesamt elften Porsche-Gesamtsieg. Die Rundstreckenversion des Porsche 959, der Typ 961, erzielt einen Klassensieg in der IMSA/GTX-Klasse.

Eine umweltfreundliche Rennserie wird 1986 in Form des Porsche 944 Turbo Cup ausgerichtet. Die identischen Fahrzeuge sind mit einem serienmäßigen geregelten Dreiwegekatalysator ausgerüstet. Der Gesamtsieger der erstmals ausgetragenen Rennserie heißt Joachim Winkelhock.

Der Supersportwagen 959 beweist auch abseits geteerter Straßen seine Überlegenheit.

Porsche nutzt den 944 Turbo Cup, um Erfahrungen mit Katalysatoren im Volllastbetrieb zu sammeln.

1987

Das Weissacher Entwicklungszentrum wird um eine moderne Crash-Anlage mit festinstallierter Steuerungs- und Überwachungstechnik erweitert. Neben Porsche-Sportwagen werden im Kundenauftrag auch Fahrzeuge anderer Hersteller getestet.

Crashanlage im Porsche Entwicklungszentrum Weissach.

Publikumsmagnet der Frankfurter Internationalen Automobilausstellung ist der Porsche 911 Carrera Speedster. Der offene Einsitzer führt die Philosophie der Porsche Speedster aus den 1950er Jahren fort und ist mit einer spartanischen Ausstattung ganz auf das pure Fahrerlebnis ausgerichtet.

Ab dem Modelljahr 1989 wird der 911 Carrera Speedster in einer Kleinauflage von 171 Exemplaren angeboten.

Die Modellreihe 911 erfährt im Frühjahr 1987 mit dem Porsche 911 Turbo Targa und 911 Turbo Cabriolet eine weitere Abrundung. Neu hinzu kommt der Porsche 911 Carrera Clubsport, der rund 100 Kilogramm leichter ist als die Serienversion des 911 Carrera.

Porsche 911 Turbo Cabriolet (rechts) und 911 Turbo Targa des Modelljahres 1987.

Das Sondermodell 944 Turbo S besitzt den 250-PS-Motor aus dem Turbo Cup.

Die Modellpalette der Vierzylinder-Sportwagen ergänzt zum Spätsommer der Porsche 944 Turbo S. Zunächst als Sonderserie auf 1000 Fahrzeuge limitiert, kommt das 184 kW (250 PS) starke Aggregat des Sportcoupés ab dem Modelljahr 1989 auch im regulären Porsche 944 Turbo zum Einsatz.

Die Bekanntgabe des Rückzuges aus der Langstreckenweltmeisterschaft leitet einen Umbruch des Porsche-Motorsportengagements ein. Für das Jahr 1988 wird die Teilnahme in der amerikanischen CART-Serie beschlossen und mit der Entwicklung eines Monoposto-Rennwagens begonnen. Zu einem besonderen Erfolg wird der Le-Mans-Werkseinsatz des 962 C, der mit dem zwölften Porsche-Gesamtsieg an der Sarthe einen neuen Markenrekord aufstellt.

Markenrekord für Porsche in Le Mans.

Porsche-Vorstandsvorsitzender Peter W. Schutz scheidet zum 31. Dezember aus dem Unternehmen aus. Zum Nachfolger bestellt der Aufsichtsrat den bislang stellvertretenden Vorstandsvorsitzenden Heinz Branitzki.

Heinz Branitzki.

1988

Auf unbekanntes Motorsportterrain wagt sich Porsche mit dem Typ 2708 CART. Der für die amerikanische CART-Serie entwickelte Rennwagen ist eine völlige Neukonstruktion mit Aluminium-Kunststoff-Monocoque. Als Antrieb dient ein mit Methanol betriebener V8-Rennmotor mit 551 kW (750 PS) Leistung. Die Rennen um die CART-Meisterschaft 1988 dienen Porsche vorwiegend als Testläufe.

Das neue Porsche-Karosseriewerk wird am 25. August in Zuffenhausen eröffnet. Die Karosserien der Modelle 911 und 928 werden nun auf ein und derselben Fertigungsstraße zusammengebaut – die Kapazität der Anlage beträgt 120 Karosserien pro Tag.

Saisonhöhepunkt der amerikanischen CART-Serie sind die 500 Meilen von Indianapolis.

Das Porsche-Karosseriewerk in Zuffenhausen wird 1988 eingeweiht.

Für das Modelljahr 1989 wartet Porsche mit diversen Verbesserungen der Modellpalette auf. Als Weltneuheit hält das Reifendruck-Kontrollsystem „RDK" im Porsche 928 S4 Einzug. Die Technik war zuvor von Porsche über Jahre im Rennsport erfolgreich erprobt worden. Der Porsche 911 Turbo wird durch ein neues Fünfganggetriebe mit hydraulischer Kupplungsbetätigung aufgewertet.

Letztes Modelljahr des 911 Turbo 3.3 in der G-Serie.

Die Presse-Fahrvorstellung des Porsche 944 S2 erfolgt im Oktober 1988. Sein 3-Liter-Vierventil-Triebwerk gilt nicht nur als der weltweit größte und stärkste Vierzylinder-Saugmotor, sondern erfährt auch dank seiner harmonischen Kraftentfaltung besonderes Journalistenlob.

Der neue 3-Liter-Motor für den 944 S2 ab dem Modelljahr 1989.

911 Carrera 4, Modelljahr 1989.

Zum 25-jährigen Jubiläum des Elfers läutet der im November präsentierte, allradangetriebene Porsche 911 Carrera 4 eine neue Generation des Erfolgsmodells ein. Highlights des intern als 964 bezeichneten Sportwagens sind unter anderem der neue 3,6-Liter-Motor sowie eine aerodynamisch optimierte Karosserie mit Kunststoffbug- und Heckteil und automatisch ausfahrendem Spoiler.

1989

Die Montage des offenen Porsche 944 S2 Cabriolet erfolgt zum Jahresbeginn in Auftragsarbeit bei der Firma American Sunroof Corporation (ASC) in Weinsberg bei Heilbronn. Als besonders exklusive Vierzylinder-Variante wird 1991 ein Porsche 944 Turbo Cabriolet das Angebot ergänzen.

Vom 944 Turbo Cabriolet werden im Modelljahr 1991 nur 528 Exemplare gefertigt.

Der Holländer Harm Lagaaij wird zum 1. April Nachfolger des zum Vorjahresende ausgeschiedenen Anatole Lapine, seit 1969 Leiter der Abteilung Porsche Style. Auf der Frankfurter IAA zeigen die Weissacher Designer die anlässlich des 80. Geburtstages von Ferry Porsche entstandene Roadster-Studie „Panamericana".

Ferry Porsche (Mitte) mit seinen Söhnen Hans-Peter, Gerhard, Ferdinand Alexander und Wolfgang (v. l. n. r.).

Ab April betreut die Porsche Leasing GmbH (PLG), eine hundertprozentige Tochtergesellschaft der Porsche AG, einen stetig wachsenden Teil von Porsche-Neu- und -Gebrauchtwagenkunden.

Der Porsche 911 der Generation 964 wird ab dem Modelljahr 1990 in drei Karosserievarianten angeboten.

Das Produktionsende des 911 Carrera und des 911 Turbo der „G-Serie" im Juli 1989 markiert das Ende einer Ära. Nachfolgemodell wird der mit geregeltem Katalysator und Antiblockiersystem ausgestattete Porsche 911 Carrera 2 der Generation 964. Im Laufe des Modelljahres 1990 wird dieser ebenso wie der 911 Carrera 4 in den Varianten Coupé, Targa und Cabriolet angeboten.

Ab November offeriert Porsche unter dem Namen Tiptronic ein neues Schaltsystem, bei dem die Gänge sowohl vollautomatisch wie auch manuell gewechselt werden können.

Das Tiptronic Getriebe des Porsche 911 verbindet Komfort und Sportlichkeit.

Ebenfalls neu: Der Porsche 928 GT, der mit 243 kW (330 PS) und einer Höchstgeschwindigkeit von 275 km/h eine neue Leistungsspitze im Porsche-Verkaufsprogramm bildet.

Beim Rennen in Mid Ohio erzielt der Italiener Teo Fabi auf dem Quaker-State-Porsche mit March-Chassis den ersten CART-Sieg für Porsche. Insgesamt kann sich Porsche bei neun von 15 Rennen unter den ersten Vier platzieren.

Rennplakat anlässlich des ersten Porsche-Sieges in der amerikanischen CART-Serie.

Porsche 928 GT
vor der Nürburg.

Im Design Studio wird die Silhouette des Porsche 911 Carrera 3.4 Coupé der Generation 996 in Originalgröße geklebt.

1990 — TURN-AROUND — 1999

„Das geht nur mit einer motivierten Belegschaft, die weiß, dass es sehr schwierig sein wird, aber dass es wert ist, dafür zu kämpfen."

Wendelin Wiedeking

1990

Ferry Porsche (links) mit seinem Sohn Ferdinand Alexander Porsche.

In der im März auf die Porsche-Hauptversammlung folgenden Aufsichtsratssitzung wird Ferry Porsche zum Ehrenvorsitzenden des Aufsichtsrates berufen. Neu in das Gremium gewählt werden Michel Piëch sowie Ferdinand Alexander Porsche, der seinem Vater in das Amt des Aufsichtsratsvorsitzenden folgt. Den Vorstandsvorsitz der Porsche AG übernimmt zum 10. März Arno Bohn; dessen Vorgänger Heinz Branitzki verabschiedet sich in den Ruhestand.

Traditionell mit verbreiterter Karosserie und großem Heckspoiler ausgestattet, wird mit dem 911 Turbo auf dem 60. Genfer Automobilsalon die dritte Generation des aufgeladenen Elfers vorgestellt.

Von 0 auf 100 km/h in fünf Sekunden und 270 km/h in der Spitze: der 911 Turbo.

Als ein Fertigungsauftrag für die Mercedes-Benz AG wird im Frühjahr mit der Montage des Mercedes-Benz 500 E begonnen. Der Auftrag aus Untertürkheim umfasst neben umfangreichen Entwicklungsarbeiten den Aufbau der Rohkarosserie samt Endmontage. Bis April 1995 entstehen im ehemaligen Porsche-Karosseriewerk in Zuffenhausen 10.479 Stück der schnellen Mercedes-Reiselimousine.

Endkontrolle der bei Porsche montierten Mercedes-Benz 500 E.

Olaf Manthey gewinnt das Auftaktrennen des Porsche Carrera Cup.

Der Porsche Carrera Cup feiert am 1. April im belgischen Zolder Weltpremiere und löst die Rennserie Porsche 944 Turbo Cup ab. Als Sieger des Auftaktrennens der 40 identischen Porsche 911 Carrera 2 Cup geht der Tourenwagenspezialist Olaf Manthey hervor.

Zusammen mit dem britischen Spezialisten March entwickeln die Weissacher Renningenieure für die CART-Saison 1990 ein für den Porsche Indy-Motor maßgeschneidertes Rennwagen-Chassis mit Kohlefaser-Monocoque. Kurzfristige Reglementänderungen machen für den Porsche-March 90 P jedoch alle Siegeschancen zunichte.

Auf der Auto-Show in Birmingham versetzt der Porsche 911 Carrera RS der Generation 964 Automobilliebhaber in Aufregung. Der gewichtsoptimierte und leistungsgesteigerte Carrera RS dient als Homologationsserie für die Gruppe N/GT.

Porsche 911 Carrera RS.

Der Porsche March 90 P wird durch kurzfristige Reglementänderungen ausgebremst.

1991

Der Anteilsbesitz der Porsche AG wird im Januar um die in Dublin, Irland ansässige Porsche Financial Management Services Ltd. erweitert. Im April folgt ihr die Firma K.K. Porsche Engineering Japan.

Anfang 1991 organisiert die Porsche AG den Deutschland-Vertrieb ihrer Fahrzeuge neu. Die Zahl der Porsche-Händler wird um 25 Prozent auf 80 Porsche-Zentren reduziert, die für Verkauf und Kundendienst der Zuffenhausener Sportwagen zuständig sind. Ab August bieten die Porsche-Zentren eine weltweit einmalige Garantie für Porsche-Gebrauchtwagen an.

Als erster Automobilhersteller rüstet Porsche ab dem Sommer alle Modelle serienmäßig mit Fahrer- und Beifahrer-Airbags aus. Ein weiteres Novum besteht in der Einführung von umweltfreundlichen Wasserbasis-Lacken.

Als Nachfolger des Porsche 944 wird der Porsche 968 seit dem Spätsommer 1991 sowohl als Coupé als auch als Cabriolet angeboten. Bis zum Produktionsende im Jahr 1995 entstehen insgesamt 11.245 Exemplare des Vierzylinder-Transaxle-Sportwagens Porsche 968.

Crash-Versuch eines Porsche 911 Carrera S Cabriolet mit Fahrer- und Beifahrer-Airbag.

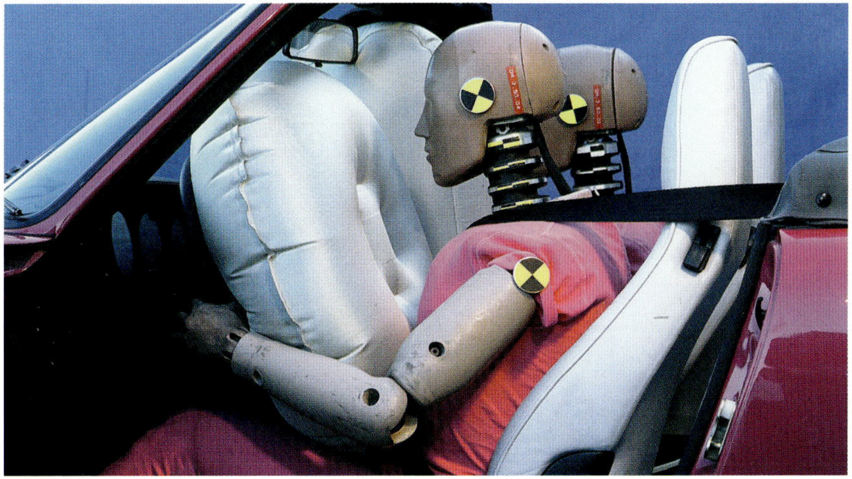

Als letztes Modell der Transaxle-Ära bei Porsche kommt der 968 auf den Markt.

Porsche 928 GTS, Modelljahr 1992.

Als technischer Höhepunkt der inzwischen seit 14 Jahren gebauten Modellreihe 928 wird auf der IAA der Porsche 928 GTS präsentiert. Eine umfangreiche Komfortausstattung sowie der überarbeitete 5,4-Liter-Achtzylindermotor machen den Porsche 928 GTS zum idealen Langstreckensportwagen.

Der von Porsche entwickelte 3,5-Liter-Zwölfzylinder-Grand-Prix-Motor steht in der Formel-1-Saison 1991 exklusiv dem Footwork-Arrows-Rennteam zur Verfügung. Ein ungünstiger Projektanlauf sowie finanzielle Schwierigkeiten führen jedoch zum Saisonende zu einer vorzeitigen Beendigung der Partnerschaft.

Footwork Porsche FA 12 beim Grand Prix in Montreal.

1992

Den aufgrund des weltweit schwierigen Konjunkturklimas zurückgegangenen Absatzzahlen tritt die Porsche AG mit einem umfangreichen Maßnahmenprogramm entgegen. Unter Führung des seit Oktober 1991 amtierenden Vorstandes für Produktion und Materialwirtschaft, Dr. Wendelin Wiedeking, werden unter dem Oberbegriff Lean Management neue Organisations- und Produktionsabläufe eingeführt sowie Hierarchie- und Prozessebenen grundlegend verändert. Vor dem Hintergrund der von einer japanischen Delegation von Produktionsexperten eingeführten Kaizen-Philosophie entsteht der Porsche Verbesserungsprozess (PVP), der unter Einbeziehung sämtlicher Mitarbeiter nachhaltig die Leistungsfähigkeit und Produktivität des Unternehmens steigert. Im Rahmen einer verschlankten Arbeits- und Ablaufsituation werden auch Rationalisierungsmaßnahmen wie Kurzarbeit sowie ein Personalabbau um insgesamt 1.850 Mitarbeiter notwendig.

Porsche-Produktion im Jahr 1992.

Wendelin Wiedeking.

Der Vorstandsvorsitzende Arno Bohn scheidet zum 30. September aus dem Unternehmen aus. Seine Aufgaben übernimmt Dr. Wendelin Wiedeking, der am 1. Oktober zum Sprecher des Vorstandes berufen wird.

Parallel zu den firmeninternen Aktionen zur Steigerung der Wettbewerbsfähigkeit wird eine nachhaltige Weiterentwicklung des Modellprogramms angestrebt. Der seit dem Frühjahr produzierten exklusiven Sonderserie des Porsche 911 Turbo S folgen auf dem Pariser Automobilsalon drei weitere automobile Neuheiten aus dem Hause Porsche: Als kompromisslose Clubsport-Version der Vierzylinder-Baureihe macht der Porsche 968 CS gleichermaßen durch einen niedrigen Verkaufspreis wie auch durch erstaunliche Fahrleistungen auf sich aufmerksam. Als offenes Individualfahrzeug erweitert der Porsche 911 Carrera 2 Speedster der Generation 964 das Angebot, während der neu konzipierte Porsche 911 Turbo 3.6 neben dem Turbo S eine Spitzenstellung im Verkaufsprogramm einnimmt.

Vom 911 Carrera 2 Speedster werden nur 930 Exemplare gebaut.

1993

Auf der Detroit Motor Show stellen Porsche-Vorstandssprecher Wendelin Wiedeking und Porsche-Style-Chef Harm Lagaaij die zukunftsweisende Studie Boxster vor, dessen Design an die legendären Rennwagen Porsche 550 Spyder und 718 erinnert.

Die Boxster-Studie erhält sehr positive Resonanz.

Als Basis für den ADAC GT-Cup legt die Motorsportabteilung in Weissach ab Januar 1993 eine Sonderserie des straßenzugelassenen Porsche 968 Turbo S beziehungsweise renntauglichen Turbo RS auf. Der Vierzylinder-Turbomotor des RS leistet bis zu 257 kW (350 PS) und beschleunigt den Rennwagen auf 280 km/h.

Neben der Version für den ADAC GT-Cup gibt es den 968 Turbo RS auch als Langstreckenversion für Le Mans.

Das Grundkapital der Porsche AG wird im Frühjahr 1991 auf Beschluss der Hauptversammlung um 17,5 Millionen DM auf 87,5 Millionen DM erhöht. Dazu werden den bisherigen Aktionären Stamm- und Vorzugsaktien im Bezugsverhältnis 4:1 zum Preis von je 575 DM angeboten. Insgesamt fließen dem Unternehmen durch die neu begebenen Aktien 201 Millionen DM zu.

Ferry Porsche und Sohn Ferdinand Alexander anlässlich des Jubiläums „30 Jahre 911".

Im Rahmen einer Arbeitsgemeinschaft entwickeln Audi und Porsche unter dem Namen Audi Avant RS2 gemeinsam einen High-Performance-Sport-Kombi. Die Produktion des Avant RS2 findet seit Oktober parallel zum Mercedes-Benz E 500 in den Zuffenhausener Fertigungsanlagen statt.

Mit seinem Reihen-Fünfzylinder leistet der Audi Avant RS2 232 kW (315 PS).

Zu Beginn des neuen Geschäftsjahres 1993/94 ernennt der Aufsichtsrat am 1. August Dr. Wendelin Wiedeking zum Vorstandsvorsitzenden der Porsche AG.

Eine neue Evolutionsstufe des Porsche 911 feiert im September auf der Frankfurter IAA Weltpremiere. Der Porsche 911 Carrera der Generation 993 zeichnet sich neben dem neu konstruierten Aluminiumfahrwerk durch ein harmonisches Design sowie durch einen in vielen Details überarbeiteten 3,6-Liter-Boxermotor aus.

Die vierte 911 Generation feiert Premiere.

1994

Die Weltpremiere des Porsche 911 Carrera Cabriolet der Generation 993 findet im Januar während der Motor Show Detroit statt. Sein Europa-Debüt erlebt der offene Sportwagen kurz darauf im März auf dem Genfer Automobilsalon.

Für das Porsche 911 Carrera Cabriolet ist 1994 erstmals ein selbst aufstellendes Windschott erhältlich.

Das Automatik-Schaltsystem Tiptronic S mit zwei Schaltwippen am Lenkrad des Porsche 911 Carrera sorgt ab dem Modelljahr 1995 für ein neues Porsche-Fahrgefühl.

Tiptronic S mit Schaltwippen am Lenkrad.

Im Auftrag der Adam Opel AG beginnt die Porsche-Kundenentwicklung mit der Gesamtfahrzeugentwicklung des Kompaktvans Opel Zafira nach vorgegebenem Konzept. Erstmals vorgestellt wird der Opel Zafira auf dem Pariser Automobilsalon 1998.

Entwicklung im Kundenauftrag: Opel Zafira.

Ein unerwartetes Comeback feiert der Porsche 962 bei den 24 Stunden von Le Mans. Im Zuge einer Reglementänderung für die GT1-Klasse modifiziert, wurden in Weissach in Kooperation mit Jochen Dauer Racing drei Exemplare des 962 Dauer Le Mans GT aufgebaut. Mit einem Doppelsieg in der GT1- und einem Dreifachsieg in der GT2-Klasse enden die 24 Stunden von Le Mans mit dem insgesamt 13. Porsche-Gesamtsieg.

In Le Mans holt Porsche 1994 den Gesamtsieg sowie die ersten Plätze in der GT1- und GT2-Klasse.

Im August wird die Porsche Consulting GmbH als hundertprozentige Tochtergesellschaft der Porsche AG gegründet. Der Sportwagenbauer stellt somit die Erfahrungen aus seinem eigenen Umstrukturierungsprozess als Beratungsleistung auch anderen Firmen zur Verfügung.

Für Allrad-Freunde ist seit September der Porsche 911 Carrera 4 als Coupé und Cabriolet erhältlich. Der vierradgetriebene Sportwagen gewährleistet dank Visco-Kupplung optimale Traktion in allen Fahrsituationen.

Fahrwerk des allradgetriebenen Porsche 911 Carrera 4.

Im November beteiligt sich die Porsche AG im Pekinger World Trade Center mit 19 weiteren Herstellern an einer internationalen Präsentation. Das vorgestellte Familienauto C 88 ist eine von Porsche eigens für den chinesischen Markt konzipierte Fahrzeugstudie. Die Präsentationsrede hält Wendelin Wiedeking auf Mandarin, was dem deutschen Magazin „Der Spiegel" immerhin eine Seite wert ist.

Der C88 ist eine von Porsche eigens für den chinesischen Markt entwickelte Fahrzeugstudie.

Seit dem Spätherbst 1994 vertreibt die Porsche AG die umfangreiche Accessoire-Linie „Selection". Das Produktangebot reicht von Textilkollektionen und Leder-Accessoires bis hin zu einer speziell für den Porsche 911 entwickelten Gepäckserie.

1995

Unter dem Vermarktungsnamen Tequipment offeriert die Porsche AG seit dem Frühjahr ein erweitertes Zubehörprogramm zur Individualisierung von Porsche-Sportwagen.

Eine neue Generation des Porsche 911 Turbo wird im März in Genf vorgestellt. Highlight des Allrad-Supersportwagens ist der mit Abgas-Kontroll-System OBD II ausgestattete Biturbomotor, der als emissionsärmster Serienautomobilantrieb der Welt gilt. Eine weitere Neuheit sind die erstmals im Serienfahrzeugbau verwendeten Hohlspeichen-Aluminiumfelgen.

Die Höchstgeschwindigkeit des Biturbo-aufgeladenen Motors liegt bei 300 km/h.

Pure Sportlichkeit bietet der Porsche 911 Carrera RS, der mit 221 kW (300 PS) und 1270 Kilogramm über ein ausgezeichnetes Leistungsgewicht verfügt. Übertroffen wird dies nur noch vom Porsche 911 GT2, der von einem 316 kW (430 PS) starken Biturbomotor beschleunigt wird. Die Straßenversion mit Rennsportambitionen ist das sportlichste und schnellste Modell im Programm.

Porsche 911 GT2, Modelljahr 1995.

Zuffenhausener Fahrzeugmontage des Porsche 911 Carrera.

Nach drei wirtschaftlich schwierigen Jahren und einem aufaddierten Verlust von 450 Millionen DM kann der Vorstandsvorsitzende Dr. Wendelin Wiedeking zum Ende des Geschäftsjahres 1994/95 einen wirtschaftlichen Turnaround konstatieren. Das ausgeglichene Ergebnis basiert neben der verbesserten Absatzsituation vor allem auf Maßnahmen zur Verbesserung der Produktivität.

Nachdem die Vierzylinder-Baureihe 968 und die Achtzylinder-Baureihe 928 zum Ende des Modelljahres 1995 eingestellt werden, offeriert Porsche mit den im September vorgestellten Typen 911 Carrera 4S und 911 Targa weitere attraktive Derivate des Sportwagenklassikers. Eine innovative Neuheit des Targa ist das elektrisch hinter die Heckscheibe zurückfahrende Glasdach.

Porsche bietet den Targa seit dem Modelljahr 1967 an.

Auf der IAA stellt Porsche im September erstmals unter dem Namen Porsche Travel Club ein breites Spektrum von internationalen Erlebnisreisen vor.

Seit dem 1. Oktober firmiert die Porsche Leasing GmbH als Porsche Financial Services GmbH. Weiterhin bietet sie ihren Kunden individuell zugeschnittene Leasing- und Finanzierungsverträge.

1996

Das im Weissacher Entwicklungszentrum ansässige Abgaszentrum der Automobilindustrie (ADA) wird im Januar 1996 gemeinsam von den deutschen Automobilherstellern Audi, BMW, Mercedes-Benz, Volkswagen und Porsche gegründet.

Die Premiere des GT-Rennsportwagens Porsche 911 GT1 findet im Juni bei den 24 Stunden von Le Mans statt. Neben einem Doppelsieg in der GT1-Kategorie und den Plätzen zwei und drei im Gesamtklassement erzielt der TWR-Porsche WSC Spyder des Team Joest auch den Gesamtsieg.

Der 1.000.000. Porsche läuft am 15. Juli vom Zuffenhausener Montageband. Das Jubiläumsauto, ein Porsche 911 Carrera Coupé, erhält die Baden-Württembergische Autobahnpolizei.

Beim 24-Stunden- Rennen von Le Mans erzielen 1996 Porsche-Rennwagen die ersten drei Plätze.

Das Produktionsjubiläum des 1.000.000. Porsche-Sportwagens wird am 15. Juli 1996 gefeiert.

Der gemeinsam von der Wochenzeitung „Produktion“ und der Unternehmensberatung A.T. Kearney verliehene Titel „Die Fabrik des Jahres“ würdigt die Porsche AG als effizienteste Produktionsstätte Deutschlands.

Motorenproduktion im Porsche Stammwerk Zuffenhausen.

Neue Maßstäbe im Sportwagenbau setzt der Mitte September präsentierte Porsche Boxster. Der lang erwartete Mittelmotor-Roadster wird von Medien, Händlern, Importeuren und Kunden gleichermaßen begeistert aufgenommen. Bereits vor seinem Erscheinen waren weltweit mehr als 10.000 Blindbestellungen für den Zweisitzer abgegeben worden. Ebenfalls neu im Modellprogramm ist der mit der breiten Turbo-Karosserie versehene Porsche 911 Carrera S.

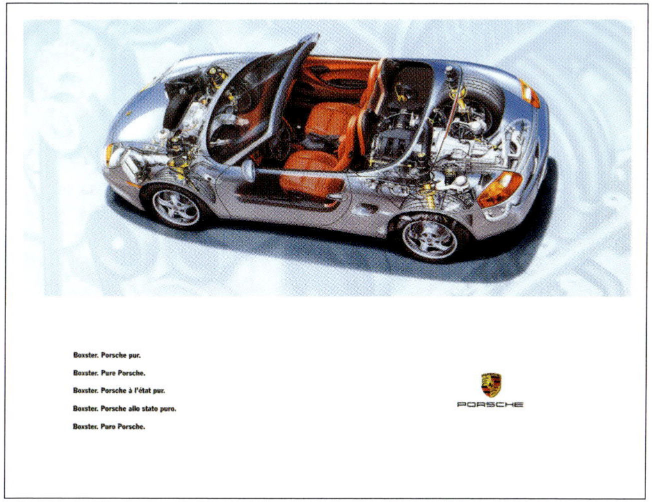

Die erste Generation des Porsche Boxster erhält die interne Bezeichnung 986.

Die Porsche Engineering Services GmbH (PES GmbH) mit Sitz in Bietigheim-Bissingen wird im Oktober gegründet. Die rund 120 Ingenieure der neuen Tochtergesellschaft sollen vor allem das Kundenauftragsgeschäft des Entwicklungszentrums Weissach verstärken.

1997

Erstmals in der Firmengeschichte begibt sich die Porsche AG auf den Anleihe-Kapitalmarkt. Die Euro-Anleihe in Höhe von 200 Millionen DM dient zur Finanzierung des zukünftigen Wachstumskurses, der im Rahmen der Verbreiterung der Geschäftsbasis unter anderem ein Porsche-Offroadfahrzeug vorsieht.

Zum Motorsport-Saisonhöhepunkt, dem 24-Stunden-Rennen von Le Mans, tritt das Porsche-Werksteam mit einer überarbeiteten Version des 911 GT1 an. Am Ende ist es jedoch ein nach dem World-Sports-Car-Reglement vorbereiteter TWR-Porsche WSC Spyder von Joest, der den 15. Porsche-Gesamtsieg nach Zuffenhausen bringt. Einen Klassensieg erzielt zudem ein privater Porsche 911 GT2. Die beiden Porsche 911 GT1 fallen aufgrund knapp vor dem Rennende aufgetretener technischer Probleme aus. Für sportbegeisterte Kunden wird eine Kleinserie von 20 Porsche 911 GT1 mit Straßenzulassung gebaut.

Porsche 911 GT1 '97.

Die jahrzehntelange Zusammenarbeit zwischen Porsche und Harley-Davidson mündet in der Motorenfertigung für die V-Rod.

Ein Joint Venture geht die Porsche AG im Sommer 1997 mit der Harley-Davidson Motor Company ein. Vereinbart wird eine gemeinsame Motorenfertigung in Milwaukee/Wisconsin in den USA. Dies stellt den vorläufigen Höhepunkt der seit 1969 bestehenden Zusammenarbeit zwischen Porsche und dem Motorradhersteller dar. Die Kooperation gipfelt in dem von Porsche serienreif entwickelten „Revolution"-Motortyp, der seit 2002 in der Harley-Davidson „V-Rod" zum Einsatz kommt.

Der alle Erwartungen übertreffenden Nachfrage nach dem Boxster begegnet Porsche mit einer Erweiterung der Produktionskapazitäten. Ergänzend zur Zuffenhausener Fertigung wird seit September im finnischen Uusikaupunki bei der Valmet Automotive Inc. die Produktion des Porsche Boxster aufgenommen. Bis zum Modellwechsel der intern 986 genannten Baureihe im Jahr 2004 werden in Finnland 109.213 Einheiten produziert.

Das Werk von Valmet Automotive Inc. im finnischen Uusikaupunki.

Ein Jahr nach der erfolgreichen Markteinführung des Porsche Boxster wird im September unter dem Motto „Evolution 911" der neue 911 Carrera auf der Frankfurter IAA vorgestellt. Als eine völlige Neuentwicklung wird die neue Sportwagen-Generation erstmals von einem wassergekühlten Vierventil-Sechszylinder-Boxermotor angetrieben. Das Design interpretiert die klassische Linie des 911 auf innovative Weise und zeichnet sich durch einen niedrigen c_W-Wert von 0,30 aus.

1998

Der internationalen Strategie entsprechend, den Vertrieb in allen für Porsche wichtigen Exportmärkten selbst zu betreuen, nimmt seit Januar die Tochtergesellschaft Porsche Japan die Importeurs-Funktion für den japanischen Markt wahr.

Auf der Hauptversammlung der Porsche AG kann der Porsche-Vorstandsvorsitzende Dr. Wendelin Wiedeking für das Geschäftsjahr 1997/1998 nicht nur ein von 165,3 Millionen auf 324,4 Millionen DM gestiegenes Ergebnis vermelden, sondern mit 276,9 Millionen DM den bislang höchsten Jahresüberschuss in der Firmengeschichte. Die Aktionäre erhalten eine Dividendenausschüttung in Höhe von 42,9 Millionen DM.

Porsche Typenprogramm des Modelljahres 1998.

Im Alter von 88 Jahren verstirbt Professor Ferry Porsche am 27. März in Zell am See. Er wird am 30. März in der Grabkapelle auf dem Schüttgut beigesetzt. Die offizielle Trauerfeier findet am 3. April im Zuffenhausener Porsche-Werk statt.

Ferdinand Anton Ernst „Ferry" Porsche.

Die Entscheidung zum Bau einer dritten Baureihe gibt Porsche am 3. Juni bekannt. Neben dem Porsche 911 und dem Boxster soll zukünftig ein geländegängiges Mehrzweckfahrzeug neue Absatzmärkte erschließen.

Designskizze des Porsche Cayenne.

Beim französischen Langstrecken-Klassiker Le Mans kann sich der mit Kohlefaserchassis ausgerüstete Porsche 911 GT1 gegen eine harte Konkurrenz behaupten und einen Doppelsieg sowie den 16. Porsche-Gesamtsieg nach Zuffenhausen bringen. Das Siegerfahrzeug steuern Laurent Aïello, Allan McNish und Stéphane Ortelli, Zweite werden Jörg Müller, Uwe Alzen und Bob Wollek.

Das Jubiläum „50 Jahre Porsche Sportwagen" wird 1998 durch einen Doppelsieg in Le Mans gekrönt.

Im Frühsommer erscheint der auf dem Genfer Automobilsalon vorgestellte Porsche 911 Carrera Cabriolet, der als weltweit erstes offenes Automobil mit Cabrio-tauglichen Seitenairbags erhältlich ist. Mit seinem 3,4 Liter großen Boxermotor kommt es auf eine Höchstgeschwindigkeit von bis zu 280 km/h.

Porsche 911 Carrera Cabriolet, Modelljahr 1998.

Als weitere Stufe der Produktoffensive wird im Herbst in Paris der Porsche 911 Carrera 4 mit permanentem Allradantrieb vorgestellt. Neben den Varianten Coupé und Cabriolet haben die Kunden nun die Wahl zwischen einem manuellen Sechsganggetriebe und der fünfstufigen Tiptronic S.

Auf dem Pariser Automobilsalon ausgestellt, ergänzt der Porsche 911 Carrera 4 ab Oktober 1998 das Angebot.

1999

Ab dem 1. Januar organisiert die in Cergy-Pontoise bei Paris angesiedelte Tochtergesellschaft Porsche France den Vertrieb der Porsche-Sportwagen auf dem fünftgrößten Automobilmarkt der Welt.

Als Nachfolger des Porsche 911 Carrera RS wird auf dem Genfer Automobilsalon der Porsche 911 GT3 vorgestellt. Der mit Trockensumpfschmierung und separatem Öltank als sportliches Nischenmodell ausgelegte GT3 ist ebenfalls als Clubsportvariante für den Rennstreckeneinsatz erhältlich. Auf Anhieb verdient sich der Porsche 911 GT3 R erste Lorbeeren, als er bei den 24 Stunden von Le Mans einen Klassensieg sowie den 13. Gesamtrang erzielt.

Auf dem Genfer Automobilsalon sorgt der Porsche 911 GT3 für Aufmerksamkeit.

Neuer Höhepunkt der Zuffenhausener Produktoffensive: der auf der Frankfurter IAA vorgestellte Porsche 911 Turbo. Als erste Porsche-Turbo-Generation kann das Spitzenmodell auch mit Fünfgang-Tiptronic S erworben werden, sodass auch für an Automatik gewöhnte Kunden die Turbo-lose Zeit ein Ende hat.

Parallel dazu stellt Porsche mit der Porsche Ceramic Composite Brake (PCCB) eine Weltneuheit vor. Die Keramik-Verbundscheibenbremse setzt neue Maßstäbe in punkto Ansprechverhalten, Fadingstabilität, Gewicht und Lebensdauer.

Mit seinem Sechszylinder-Boxermotor mit Biturbo-Aufladung knackt der 911 Turbo die 300-km/h-Marke.

Ab Modelljahr 2000 ist der Porsche Boxster in zwei Leistungsstufen verfügbar.

Die im August zum Modelljahreswechsel durchgeführte Modellpflege der Boxster-Generation 986 bringt neben dem nun auf 2,7 Liter Hubraum vergrößerten Basismodell ebenfalls den 185 kW (252 PS) starken Boxster S, der von einem 3,2-Liter-Aggregat angetrieben wird.

In Deutschland beschreitet Porsche neue Vertriebswege und gründet die Porsche Deutschland GmbH. Im Mittleren Osten betreut die Tochtergesellschaft Porsche Middle East ihre Kunden in 13 verschiedenen Ländern.

Im November tritt die Porsche AG der Stiftungsinitiative der deutschen Wirtschaft zur Entschädigung von Zwangsarbeitern bei. Die während der NS-Zeit bei der Porsche KG unfreiwillig beschäftigten ausländischen Mitarbeiter erhalten Entschädigungen. Sieben Betroffene können mit einer Einmalzahlung in Höhe von jeweils 10.000 DM entschädigt werden.

Am 31. Januar 2009 eröffnet das neue Porsche Museum am Stammsitz in Stuttgart-Zuffenhausen.

2000 — MODELLVIELFALT — 2009

„Der Mythos Porsche lebt und wird nie untergehen."

Wolfgang Porsche

1930 1940 1950 1960 1970 1980 1990 2000er Jahre 2020

2000

Porsche-Chef Wendelin Wiedeking kann auf der Hauptversammlung für das abgelaufene Geschäftsjahr 1998/99 Rekordzahlen in Umsatz und Ertrag bekannt geben. Der Umsatz ist auf 6,18 Milliarden DM angewachsen, was einer Steigerung um 25,5 Prozent entspricht. Das Konzernergebnis hat sich mit 698,2 Millionen DM mehr als verdoppelt. Mit einer Umsatzrendite von 11,3 Prozent zählt Porsche zu Beginn des neuen Jahrtausends zu den profitabelsten Automobilherstellern der Welt. Erstmals in der Unternehmensgeschichte übersteigt der Eigenkapitalanteil das Anlagenkapital.

Anlässlich des Jahrtausendwechsels wird die Sonderserie Porsche 911 Carrera 4 „Millennium" aufgelegt. Mit aufgewertetem Interieur sowie Turbo-Look-Felgen in Hochglanzoptik entstehen lediglich 911 Exemplare des Jubiläumsmodells.

Das Sondermodell 911 Carrera 4 „Millennium" gibt es nur in der Sonderfarbe Violettchromaflair.

Gemeinsam setzen Sachsens Ministerpräsident Kurt Biedenkopf, der Leipziger Oberbürgermeister Wolfgang Tiefensee sowie der Porsche-Vorstandsvorsitzende Wendelin Wiedeking am 7. Februar den ersten Spatenstich für den Bau des neuen Porsche-Werkes in Leipzig. Unter dem Qualitätssiegel „Made in Germany" wird die Serienfertigung eines fünfsitzigen „Sports Utility Vehicle" für das Jahr 2002 geplant.

Spatenstich zum Neubau des Porsche Werkes in Leipzig.

Die seriennahe Studie Porsche Carrera GT feiert anlässlich des Pariser Automobilsalons am 28. September im Louvre ihre Weltpremiere. Sowohl das Kohlefaserchassis als auch der Zehnzylinder-Saugmotor des Hochleistungssportwagens basieren auf reinrassiger Rennsporttechnologie.

Die Pressevorstellung des Porsche Carrera GT findet im September 2000 im Rahmen des Pariser Automobilsalons statt.

In der American Le Mans Series (ALMS) gewinnen die Werksfahrer Bob Wollek, Jörg Müller, Lucas Luhr und Sascha Maassen auf dem Porsche 911 GT3 R des Teams von Dick Barbour den Titel der GT-Wertung.

Porsche-Kundenteams fahren mit dem 911 GT3 R erfolgreich in den GT-Klassen.

Mit dem Porsche Zentrum Stuttgart eröffnet am 19. Oktober in Zuffenhausen die erste Porsche-Werksniederlassung. Sie befindet sich in unmittelbarer Nähe zur Produktion. Die in sich geschlossene, abgerundete Fassade wird zum Vorbild für weitere Porsche-Zentren weltweit.

Das Porsche Zentrum Stuttgart am Porscheplatz.

2001

Der am 8. Januar auf der Detroit Motor Show präsentierte Porsche 911 GT2 bildet die neue Leistungsspitze im Verkaufsprogramm. Mit 340 kW (462 PS) und 620 Newtonmetern ist der GT2 der bislang stärkste Seriensportwagen aus dem Hause Porsche. Ausgestattet wird der Supersportwagen mit serienmäßigen Keramik-Bremsscheiben.

Seit dem 22. Februar werden die für den Export bestimmten Porsche-Sportwagen auf dem Schienenweg zum Überseehafen Emden verfrachtet. Der neue Verladebahnhof in Kornwestheim wird in Anwesenheit von Bundeskanzler Gerhard Schröder und Bahnchef Hartmut Mehdorn in Dienst gestellt.

Der 911 GT2 bildet die Leistungsspitze der Porsche-Seriensportwagen.

Trotz erheblicher Entwicklungsaufwendungen für die dritte Baureihe Cayenne kann der Porsche-Vorstandsvorsitzende Dr. Wendelin Wiedeking den auf der Hauptversammlung am 19. Januar anwesenden Aktionären erneut eine deutliche Steigerung von Umsatz, Absatz und Produktion vermelden. Der Vorsteuergewinn in Höhe von 848,5 Millionen DM entspricht einer Umsatzrendite von 11,9 Prozent.

Eröffnungsfeier des Bahn-Verladebahnhofs in Kornwestheim am 22. Februar 2001.

Ein auf der Porsche-Hauptversammlung im Januar beschlossener Aktiensplit kann zum 23. April realisiert werden. Die Umstellung der Nennbetragsaktien auf Stückaktien erfolgt im Verhältnis 1:10.

Die Porsche Engineering Group GmbH (PEG), eine hundertprozentige Tochtergesellschaft der Porsche AG, nimmt zum 1. August offiziell ihre Geschäftstätigkeit auf. Aufgabe der PEG ist die weltweite Steuerung und Vermarktung von Kundenentwicklungen.

Der neue 3,6-Liter-Motor des modellgepflegten Porsche 911 Carrera beeindruckt seit September 2001 mit variablem Ventilhub und einer Leistung von 235 kW (320 PS). Das Verkaufsprogramm wird zudem durch den allradangetriebenen 911 Carrera 4S sowie den 911 Targa erweitert.

Einen neuen Markt erschließt die Porsche AG mit einer offiziellen Verkaufsrepräsentanz in der chinesischen Hauptstadt Peking. Neben Hongkong fungiert das „Porsche Centre Beijing“ als das zweite Standbein auf dem Zukunftsmarkt China.

911 Carrera Coupé, Modelljahr 2002.

2002

Erneut kann Porsche auf der jährlichen Aktionärshauptversammlung mit Rekordwerten aufwarten. Für das Geschäftsjahr 2000/01 verweist Wendelin Wiedeking auf einen um 21,8 Prozent auf 4,4 Milliarden Euro gestiegenen Umsatz. Das unbesteuerte Konzernergebnis steigt um 36,5 Prozent auf 592,4 Millionen Euro, die Umsatzrendite steigt auf 13,3 Prozent. Erstmals in der Unternehmensgeschichte werden innerhalb eines Geschäftsjahres mehr als 50.000 Fahrzeuge verkauft.

Die in Singapur ansässige Porsche Asia Pacific ist von Februar an für die Belange der Porsche-Importeure der Region von Korea bis Neuseeland zuständig. Zusammen mit den Regionalbüros Porsche Middle East sowie Porsche Latin America werden insgesamt 37 Importeure betreut. Hinzu kommen 25 freie Importeure, sodass das weltweite Porsche-Netzwerk insgesamt 550 Händler umfasst.

Vom 7. bis zum 30. Juni werden in Grottaferrata in der Nähe von Rom die modellgepflegten Versionen des Porsche Boxster und Boxster S der Generation 986 den internationalen Medien vorgestellt. Der 2,7-Liter-Motor des Boxster leistet jetzt 168 kW (228 PS), das 3,2-Liter-Aggregat des Boxster S 191 kW (260 PS). Durch die neue VarioCam-Technik, die nun auch im Boxster-Motor zum Einsatz kommt, wird nicht nur eine Leistungssteigerung erzielt, sondern ebenfalls eine Reduktion der Verbrauchs- und Abgaswerte.

Boxster und Boxster S ab Modelljahr 2003.

Die Gäste der offiziellen Einweihung der Porsche Leipzig GmbH erleben am 20. August eine Überraschungspräsentation des Porsche Cayenne. Noch vor der offiziellen Weltpremiere führen Bundeskanzler Gerhard Schröder, der die letzte Schraube am ersten Fahrzeug festzog, und Porsche-Vorstandsvorsitzender Dr. Wendelin Wiedeking das Mehrzweckfahrzeug vor.

Gerhard Schröder zieht im Porsche Werk Leipzig die letzte Schraube am ersten Cayenne fest.

Auf dem Pariser Automobilsalon wird das sportliche und geländegängige Mehrzweckfahrzeug Porsche Cayenne dem internationalen Publikum offiziell präsentiert. Das in Kooperation mit Volkswagen unter der Entwicklungsführerschaft von Porsche konstruierte Fahrzeug ist zunächst in den Varianten Cayenne S und Cayenne Turbo erhältlich.

Cayenne S und Cayenne Turbo vor dem Kundenzentrum in Leipzig.

2003

Entgegen aller wirtschaftlichen Tendenzen kann der Porsche-Vorstand im Januar auf ein um 40 Prozent auf 828,9 Millionen Euro gestiegenes Vorsteuerergebnis verweisen. Die Aktionäre profitieren vom erneuten Rekordergebnis in Form einer Sonderdividende in Höhe von 14 Euro pro Aktie. Die Porsche-Aktie hat damit zum Ende des Geschäftsjahres 2001/02 innerhalb von zehn Jahren eine Kurssteigerung um 1.739 Prozent von 26,74 Euro auf 465 Euro vollzogen.

Der Porsche Carrera GT feiert am 3. März 2003 in Genf seine Weltpremiere. So außergewöhnlich wie das Design sind auch die Fahrleistungen: Der Carrera GT beschleunigt von null auf 200 km/h in nur 9,9 Sekunden und erreicht eine Spitzengeschwindigkeit von 330 km/h. Gebaut wird der in limitierter Stückzahl produzierte Hochleistungssportwagen im Porsche-Werk Leipzig – den 450 kW (612 PS) starken V10-Saugmotor steuert das Zuffenhausener Motorenwerk bei.

Eine neue Generation des Porsche 911 GT3 steht ab März bei den Händlern zum Verkauf. Die Motorleistung des Extremsportlers mit dem dominanten Heckflügel ist durch eine Drehzahlerhöhung auf 280 kW (381 PS) angestiegen.

Mit dem Charakter eines Rennfahrzeugs kommt der Carrera GT auf die Straße.

Die Modellpalette wird um den 911 GT3 erweitert.

Das neue Dienstleistungszentrum in Bietigheim.

Mit dem Bau eines neuen Dienstleistungszentrums in Bietigheim vereinen sich seit Jahresmitte 2003 die drei Tochtergesellschaften Porsche Deutschland, Porsche Financial Services sowie Porsche Consulting unter einem Dach.

Die Produktoffensive setzt Porsche mit dem seit Spätsommer verfügbaren Modelljahresprogramm 2004 weiter fort: Anlässlich des 40-jährigen Jubiläums des Porsche 911 wird das auf 1.963 Einheiten limitierte Sondermodell „40 Jahre 911" vorgestellt. Erstmals seit 1987 ist darüber hinaus wieder ein Porsche 911 Turbo als Cabriolet erhältlich. Als Basis für Motorsporteinsätze steht der straßenzugelassene Porsche 911 GT3 RS bereit. Die Modellpalette der sportlichen Mehrzweckfahrzeuge erweitern die Zuffenhausener mit dem sechszylindrigen Cayenne. Eine weitere exklusive Variante des Offen-Fahrens kommt im Oktober in Gestalt des Porsche 911 Carrera 4S Cabriolet zu den Händlern.

Porsche 911 Carrera „40 Jahre 911".

2004

Als Reminiszenz an den legendären Rennwagen zeichnet sich das auf der Detroit Motor Show vorgestellte Sondermodell Boxster S „50 Jahre 550 Spyder“ durch eine gesteigerte Motorleistung sowie durch eine umfangreiche Sonderausstattung aus. Die Sonderserie ist auf 1953 Einheiten limitiert.

Mit einem Sondermodell feiert Porsche das Jubiläum seines ersten als Rennfahrzeug gebauten Motorsportlers.

In der Kategorie Sportwagen küren die Leser der Zeitschrift „auto motor und sport“ beim Wettbewerb „Die besten Autos“ den Porsche Carrera GT auf Anhieb zum Sieger.

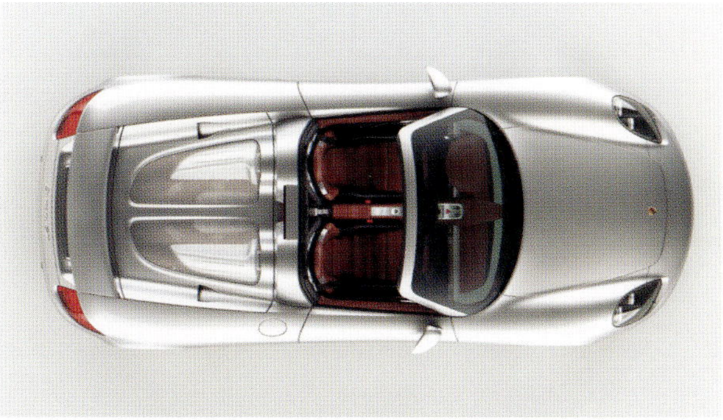

Bis Mai 2006 werden insgesamt 1.270 Einheiten des Porsche Carrera GT produziert.

Nach einem um 12,6 Prozent auf 933 Millionen Euro angestiegenen Vorsteuerergebnis des Geschäftsjahres 2002/03 zeichnet sich auch für das neue Geschäftsjahr ein anhaltender Wachstumskurs ab. Auf der Hauptversammlung, die erstmals in der neuen Leipziger Messe abgehalten wird, prognostiziert der Vorstandsvorsitzende Wendelin Wiedeking einen Jahresabsatz von erstmals mehr als 75.000 Fahrzeugen.

Die Porsche- Haupversammlung findet 2004 in der Leipziger Messe statt.

Im oberen Marktsegment erweitert Porsche die Produktpalette um die Typen 911 Turbo S Coupé sowie 911 Turbo S Cabriolet. Charakteristisch für die neuen „S"-Varianten sind das gesteigerte Leistungspotenzial des Motors sowie die serienmäßige Keramikbremsanlage PCCB.

Im Modelljahr 2005 ist der 911 Turbo als Coupé und als Cabriolet erhältlich.

Die Markteinführung der neuesten Generation des Porsche 911 findet am 16. Juli zeitgleich in 85 deutschen Porsche-Zentren statt. Die intern als 997 bezeichneten Modelle sind zunächst in den Varianten 911 Carrera sowie 911 Carrera S verfügbar.

911 Carrera S Coupé und 911 Carrera Coupé aus dem Modelljahr 2005.

Dem internationalen Publikum werden auf dem Pariser Automobilsalon neben dem Porsche 911 Carrera S der neue Porsche Boxster sowie der Boxster S der Generation 987 vorgestellt.

Der neue Boxster mit 2,7 Liter Hubraum in Paris.

2005

Seit Januar produziert Porsche die V8-Motoren für den Cayenne im neu errichteten Zuffenhausener Motorenwerk. Neben dem Serienmotorenbau findet in der 9.000 Quadratmeter großen Anlage ebenfalls die Motoren-Prototypenfertigung statt.

Die Cabriolet-Version des neuen Porsche 911 läutet auf der Detroit Motor Show eine zweite Stufe der Varianten-Offensive der inzwischen sechsten 911-Generation ein. Wie das Coupé ist auch das 911 Cabriolet als Carrera und Carrera S erhältlich. Im Herbst ergänzen der 911 Carrera 4 und der 911 Carrera 4S die Porsche-Modellfamilie. Beide sind ebenfalls als Coupé und Cabriolet verfügbar.

Außerordentliche Fahrstabilität und Traktion bietet das allradgetriebene Porsche 911 Carrera 4S Cabriolet.

Auf der Hauptversammlung am 28. Januar wird Ferdinand Alexander Porsche zum Ehrenvorsitzenden des Aufsichtsrates ernannt. Sein Sohn Oliver Porsche rückt als Aufsichtsratsmitglied nach. Der Vorstandsvorsitzende Wendelin Wiedeking kann zum elften

Mal in Folge neue Rekordwerte bei Absatz (plus 15 Prozent) und Umsatz (plus 6,8 Prozent) für das abgelaufene Geschäftsjahr verkünden. Der Gewinn vor Steuern steigt auf 1,238 Milliarden Euro.

Ferdinand Alexander Porsche und Sohn Ferdinand Oliver.

Zu einem Höhepunkt der Frankfurter IAA gerät der Porsche Cayman S, ein sportlich-ambitionierter Mittelmotor-Sportwagen, der zwischen Boxster und 911 positioniert ist.

Auf Basis des Porsche Boxster S entsteht der Cayman S als geschlossener Mittelmotorsportler.

Im August beschließen Aufsichtsrat und Vorstand die Entwicklung und Produktion einer vierten Porsche-Baureihe. Das viersitzige Coupé mit dem Namen Panamera soll im Jahr 2009 auf dem Automobilmarkt platziert werden.

Designskizze des Panamera, 2005.

Für Medien wie Investmentbanken gleichermaßen überraschend erfolgt im September die Bekanntgabe einer Beteiligung von Porsche bei der Volkswagen AG. Mit dem Erwerb von rund 20 Prozent des stimmberechtigten Kapitals ist Porsche der größte Einzelaktionär des Wolfsburger Automobilkonzerns. Das strategische Ziel der Beteiligung ist die langfristige Absicherung der Zukunftsplanungen mit dem Entwicklungspartner Volkswagen und somit gleichzeitig auch die Abwehr einer feindlichen Übernahme der Volkswagen AG durch Finanzinvestoren. Die Vertretung der Porsche-Interessen im Aufsichtsrat der Volkswagen AG werden Wendelin Wiedeking und Finanz-Vorstand Holger P. Härter wahrnehmen.

Mit dem neuen Sport-Prototyp RS Spyder beteiligt sich Porsche seit Herbst in der American Le Mans Series (ALMS). Bei seinem ersten Einsatz im kalifornischen Laguna Seca erzielt der RS Spyder die Pole-Position, Rundenrekord und Klassensieg.

Porsche RS Spyder.

2006

Im Januar begibt die Porsche AG eine Dollar-Hybrid-Anleihe mit einem Volumen von einer Milliarde US-Dollar sowie eine Euro-Anleihe mit einem Volumen von insgesamt zwei Milliarden Euro. Beide Anlagen werden von Investoren derart überzeichnet, dass die Nachfrage letztendlich mehr als zehn Milliarden Euro beträgt.

Auf der Porsche-Hauptversammlung auf dem Stuttgarter Killesberg sorgen Aktienkurs, Umsatz und Gewinn erneut für Zufriedenheit bei den Porsche-Aktionären. Für das abgelaufene Geschäftsjahr 2004/05 steigt das Konzernergebnis vor Steuern um 8,9 Prozent auf 1,238 Milliarden Euro. Auch bei den Halbjahreszahlen für das Geschäftsjahr 2005/06 kann der Vorstandsvorsitzende Wendelin Wiedeking neue Rekordwerte bekannt geben: Gegenüber dem Vorjahreszeitraum steigt der Umsatz um 15 Prozent auf 3,25 Milliarden Euro.

Auf dem Genfer Automobilsalon stellt die Porsche AG am 28. Februar den neuen 911 Turbo vor. Die inzwischen sechste Generation des Spitzenmodells der Elfer-Baureihe verfügt als erstes Serienautomobil mit Benzinmotor über einen Turbolader mit variabler Turbinengeometrie (VTG). Parallel zum 911 Turbo wird in Genf ebenfalls der neue 911 GT3 der Weltöffentlichkeit präsentiert. Sein 3,6-Liter-Saugmotor entwickelt eine Leistung von 305 kW (415 PS), was

Der Porsche 911 tritt mit neuer Technik an.

einer spezifischen Literleistung von 115,3 PS entspricht. Damit setzt der GT3 in dieser Hubraumklasse einen neuen Spitzenwert für straßenzugelassene Seriensportwagen mit Saugmotor.

Anfang April feiert der Porsche Cayenne Turbo S neben dem 911 Turbo und dem 911 GT3 seine deutsche Messe-Premiere. Auf dem nur wenige Kilometer vom Porsche Werk Leipzig entfernten Messegelände der Auto Mobil International (AMI) beeindruckt der sportliche Geländewagen nicht zuletzt durch seinen 383 kW (521 PS) starken V8-Antrieb.

Der Porsche-Vorstand beschließt am 19. Mai, das viertürige Sport-Coupé Panamera im Werk Leipzig zu produzieren. Neben einer erheblichen Erweiterung der Fertigungskapazitäten entstehen bei der Porsche Leipzig GmbH rund 600 neue Arbeitsplätze, in Zuffenhausen und Weissach werden bis 2009 rund 400 Stellen geschaffen.

Die Leistungsspitze der Porsche SUV-Modelle bildet der Cayenne Turbo S mit 383 kW (521 PS).

Neben dem Cayenne wird auch der Panamera im Porsche Werk Leipzig gefertigt.

Zum ersten Mal kann ein LMP2-Rennwagen einen Gesamtsieg in der ALMS erreichen.

Beim dritten Saisonlauf zur American Le Mans Series (ALMS) in Mid Ohio erzielen die vom amerikanischen Penske-Team eingesetzten Porsche RS Spyder am 21. Mai einen Doppelsieg. Zum ersten Mal erlangt damit ein Rennwagen der LMP2-Klasse einen Gesamtsieg in der ALMS.

Mit der Porsche-Arena wird am 27. Mai eine neue Mehrzweck-Veranstaltungshalle in Stuttgart eingeweiht. In der neuen Porsche-Arena findet vom 30. September bis 8. Oktober erstmals der Porsche Tennis Grand Prix statt.

Eingang der Porsche-Arena.

Neben dem leistungsstärkeren Cayman S wird das Einstiegsmodell Cayman präsentiert.

Der im Herbst 2005 eingeführte Porsche Cayman S wird Ende Juli um eine weitere Variante ergänzt. Im Cayman arbeitet ein Sechszylinder-Boxermotor, der aus 2,7 Liter Hubraum eine Leistung von 180 kW (245 PS) schöpft.

Ab Oktober ist der neue 911 GT3 RS auf dem europäischen Markt erhältlich. Die auf 1.375 Kilogramm gewichtsreduzierte Variante des GT3 dient als Basis- und Homologationsmodell für den Einsatz in verschiedenen Rennserien.

Der Porsche 911 GT3 RS ist ein hochkarätiges Bindeglied zwischen Straßensportwagen und Rundstreckenfahrzeug.

Seine erste volle LMP2-Saison beendet der Porsche RS Spyder mit dem Gewinn der Hersteller-, Team- und Fahrerwertung. Produziert werden die auch für private Kunden-Teams erhältlichen Sportwagen-Prototypen in dem im Juli eröffneten neuen Motorsportzentrum in Weissach.

Mit dem 911 Targa 4 und dem 911 Targa 4S präsentiert Porsche im November gleich zwei neue Varianten der Elfer-Baureihe. Markanteste Merkmale der beiden allradangetriebenen Sportwagen sind das große Glasdach und die zu öffnende Heckscheibe.

In der sechsten Generation des 911 verfügen alle Targa-Derivate über Allradantrieb.

In den Ressorts Vertrieb und Marketing sowie Personal findet zum Jahresende ein Führungswechsel statt. Auf den Vertriebsvorstand Hans Riedel folgt am 1. November Klaus Berning. Thomas Edig, seit dem 1. Dezember im Unternehmen, übernimmt im Mai 2007 als Nachfolger von Harro Harmel die Aufgaben als Personalvorstand und Arbeitsdirektor.

Vier Jahre nach der Modelleinführung präsentiert die Porsche AG Anfang Dezember die zweite Generation ihres sportlichen Geländewagens Cayenne. Die neuen Modelle Cayenne, Cayenne S und Cayenne Turbo verfügen über verbrauchsärmere und stärkere Motoren mit Benzindirekteinspritzung. Das aktive Fahrwerk Porsche Active Suspension Management (PASM) ist um die neue, von Porsche erstmals eingesetzte Wankstabilisierung Porsche Dynamic Chassis Control (PDCC) erweiterbar.

Die zweite Generation des sportlichen Geländewagens Cayenne bietet mehr Leistung bei weniger Verbrauch.

Auf der Bilanzpressekonferenz am 6. Dezember kann der Vorstandsvorsitzende Wendelin Wiedeking einen erneuten Rekordertrag der Porsche AG präsentieren. Das Konzernergebnis für das abgelaufene Geschäfts-

jahr 2005/06 ist vor Steuern auf 2,110 (Vorjahr: 1,238) Milliarden Euro gestiegen. Der Aufsichtsrat schlägt der am 26. Januar 2007 stattfindenden Hauptversammlung vor, die Dividende auf 5,94 Euro je Stammaktie sowie sechs Euro je Vorzugsaktie zu erhöhen. Zusätzlich wird als Ausgleich für die hohen Einmalerträge vorgesehen, eine Sonderdividende von drei Euro je Stamm- und Vorzugsaktie auszuschütten.

2007

Zum Jahreswechsel 2006/07 ist der Rohbau des neuen Porsche Museums weitgehend fertiggestellt. Der eigentliche Ausstellungsbereich wird als Stahlskelett errichtet, wozu insgesamt 6.000 Tonnen Stahl verbaut werden. Das in direkter Nachbarschaft zum Stammwerk liegende, 24.000 Quadratmeter große Museumsgebäude soll in der zweiten Jahreshälfte 2008 fertiggestellt werden.

Das Porsche Museum entsteht am Zuffenhausener Porscheplatz.

Für eine Porsche-Vorzugsaktie bezahlt ein Anleger am 5. Januar um 16.44 Uhr erstmals einen Preis über 1.000 Euro.

In den ersten sechs Monaten des laufenden Geschäftsjahres 2006/07 erzielt Porsche ein Ergebnis vor Steuern von 1,59 Milliarden Euro (Vorjahr: 277,8 Millionen Euro). Neben dem verbesserten Modellmix im Fahrzeuggeschäft macht der Vorstandsvorsitzende Dr. Wendelin Wiedeking Sondereinflüsse in Zusammenhang mit dem Volkswagen-Engagement für den deutlich überdurchschnittlichen Ergebnissprung verantwortlich.

Dr. Wolfgang Porsche.

Der Aufsichtsrat der Porsche AG wählt am 26. Januar Dr. Wolfgang Porsche zu seinem neuen Vorsitzenden. Er folgt in dieser Funktion Prof. Dr. Helmut Sihler, der dem Aufsichtsrat 14 Jahre lang vorstand. Neu in das Kontrollgremium aufgenommen wird Hans-Peter Porsche. Nach 27 Jahren im Aufsichtsrat legt auch Dr. Walther Zügel sein Mandat nieder; sein Nachfolger wird Prof. Dr. Ulrich Lehner.

Der Porsche-Aufsichtsrat ermächtigt den Vorstand in einer außerordentlichen Sitzung am 24. März, die Beteiligung an der Volkswagen AG von 27,3 Prozent auf bis zu 31 Prozent der Stammaktien zu erhöhen und damit ein Pflichtangebot auszulösen. Zudem soll eine Holding-Struktur errichtet werden, mit der in erster Linie die Trennung der operativen Geschäftstätigkeit von der Beteiligungsverwaltung angestrebt wird. Vorgesehen ist dabei die Ausgliederung des operativen Geschäfts der Porsche AG in eine hundertprozentige Tochtergesellschaft. Die dann als Holding agierende Muttergesellschaft soll zudem in eine europäische Aktiengesellschaft Societas Europaea (SE) umgewandelt werden.

Zum Juni 2007 übernimmt die Tochtergesellschaft Porsche Schweiz offiziell den Import und Vertrieb von Porsche-Fahrzeugen, -Ersatzteilen sowie -Zubehör von der AMAG Automobil- und Motoren AG.

Der 100.000. Porsche 911 der Generation 997 rollt aus der Produktion.

Keine drei Jahre nach Produktionsstart läuft am 11. Juli im Stammwerk in Zuffenhausen das 100.000. Fahrzeug der Elfer-Generation 997 vom Band.

Auf der Frankfurter IAA sorgt Porsche im September mit gleich drei Neuheiten für Aufsehen. Der Cayenne GTS ist um 24 mm tiefer gelegt und leistet 298 kW (405 PS). Eine neue Generation des 911 Turbo Cabriolet begeistert leistungshungrige

Die Neuheiten Porsche 911 Turbo Cabriolet und Porsche Cayenne GTS treffen auf die Mittelmotorsportler Cayman S und Boxster.

Frischluftenthusiasten mit 353 kW (480 PS) und 620 Nm Drehmoment. Als stärkster Serien-911 aller Zeiten beeindruckt der GT2 mit 390 kW (530 PS).

Von Moskau bis in die Mongolei führt die am 3. August gestartete Rallye Transsyberia, für die Porsche eine Kleinserie von 25 Cayenne S Transsyberia auflegt. Nach 7.108 Kilometern erreichen Rod Millen und Richard Kelsey als Sieger das Ziel in Ulan-Bator.

Die 25 Cayenne S für die Rallye Transsyberia im Porsche Werk Leipzig.

In seiner zweiten Saison in der ALMS ist der Porsche RS Spyder noch immer das Maß aller Dinge. Der LMP2-Rennwagen verteidigt den Titel und kann 2007 nicht weniger als acht Gesamt- und elf Klassensiege verzeichnen.

Der RS Spyder gewinnt souverän die LMP2-Meisterschaft der American Le Mans Series.

Anfang Dezember zeigt Porsche auf der Bologna Motor Show das Sondermodell Boxster RS 60 Spyder. Dieser erinnert in Farbe, Form, Ausstattung und Philosophie an die Porsche-Rennsport-Ära der 1960er Jahre.

Das Sondermodell Boxster S „RS 60 Spyder“ ist auf 1.960 Einheiten limitiert.

2008

Mit dem 911 GT3 Cup S und dem 911 GT3 RSR erweitert Porsche Motorsport ab Februar sein Angebot für Kundenteams um zwei weitere Rennsportwagentypen. Die Cup-Version erfüllt das Reglement der FIA-GT3-Meisterschaft. Der Langstreckenspezialist wird komplett in Weissach gebaut, der RSR läuft zusammen mit den Serien-Elfern in Zuffenhausen vom Band.

Der 911 GT3 Cup S ist ausschließlich für Rennzwecke konzipiert.

Am 1. Februar rollt in Leipzig, nach nur fünf Jahren Bauzeit, der 200.000. Cayenne vom Band. Es ist ein Cayenne Turbo.

Produktion im Porsche Werk Leipzig.

Nach einer Bauzeit von weniger als einem Jahr findet am 15. April die Inbetriebnahme des ersten Bauabschnitts für das neue zentrale Ersatzteillager in Sachsenheim statt.

Das zentrale Ersatzteillager in Sachsenheim.

Im April wird auf der Messe Auto China 2008 die Weltpremiere des neuen Cayenne Turbo S gefeiert. Das 404 kW (550 PS) starke Modell unterstreicht den großen Stellenwert des asiatischen Marktes für Porsche.

Dem Cayenne Turbo S ist die Lackfarbe Lavagraumetallic vorbehalten.

Das traditionsreiche 24-Stunden-Rennen auf dem Nürburgring endet am 25. Mai zum dritten Mal in Folge mit einem Porsche-Gesamtsieg.

In der Saison 2008 geht der RS Spyder auch in der europäischen Le Mans Series (ELMS) an den Start. Nach Klassensiegen in Barcelona, Monza und Spa erzielen die von Kundenteams eingesetzten RS Spyder in Le Mans einen Doppelsieg in der LMP2-Klasse.

Porsche erreicht den Hattrick beim prestigeträchtigen 24-Stunden- Rennen auf dem Nürburgring.

Auch in der europäischen Le Mans Series fährt der RS Spyder Erfolge ein.

Im Juni wird Fachjournalisten die modellgepflegte Generation 997 der Elfer-Modelle Carrera und Carrera S vorgestellt, erstmals mit Benzindirekteinspritzung (DFI) und optional mit dem Porsche Doppelkupplungsgetriebe (PDK) ausgestattet. Dieses neue Getriebe verfügt über sieben Vorwärtsgänge und ersetzt die bisherige Tiptronic.

Die überarbeitete Generation des 997 unterscheidet sich in Technik und Design vom Vorläufer.

Ende Juli werden auch die Allradvarianten 911 Carrera 4 und Carrera 4S vorgestellt. Mit der Modellpflege löst das elektronisch gesteuerte Porsche Traction Management (PTM) den bisherigen Allradantrieb mit Visco-Lamellenkupplung ab.

Das Produktportfolio der sechsten 911-Generation wird um die Allrad-Modelle erweitert.

Der bislang schnellste Generationswechsel der Elfer-Familie wird bereits im September mit der Einführung des neuen 911 Targa 4 und 4S fortgesetzt.

Der 911 Targa verfügt im Modelljahr 2009 über ein innovatives Glasdach.

2009

Am 28. Januar wird das neue Porsche Museum eingeweiht und drei Tage später erstmals für das Publikum geöffnet.

Die Ausstellung im Porsche Museum zur Eröffnung.

In der zweiten Januarhälfte wird der neue Boxster der Generation 987 auf Sizilien der nationalen und internationalen Presse vorgestellt. Im Mittelpunkt stehen die neu entwickelten Sechszylinder-Boxermotoren mit 2,9 Liter im Boxster und 3,4 Liter im Boxster S sowie das erstmals auch für den Boxster erhältliche PDK.

Mit dem 987 kommt die zweite Generation des Boxster auf den Markt.

Auf dem Genfer Automobilsalon feiert am 3. März der neue 911 GT3 seine Weltpremiere. Der bewährte Sechszylinder-Saugmotor leistet durch eine Hubraumsteigerung auf 3,8 Liter nun 320 kW (435 PS).

Der neue 911 GT3 präsentiert sich noch leistungsstärker und fahrdynamischer als sein Vorgänger.

Die zweite Porsche-Neuvorstellung in Genf ist der Cayenne Diesel. Der laufruhige V6-Motor entwickelt aus drei Litern Hubraum eine Leistung von 176 kW (240 PS). Bemerkenswert ist der Drehmomentverlauf, der bereits bei 2.000 Umdrehungen pro Minute den Spitzenwert von 550 Nm erreicht.

Erstmals bietet Porsche ein Serienfahrzeug mit Dieselantrieb an.

Am 6. März läuft in Leipzig der 250.000. Cayenne vom Band. Das Jubiläumsfahrzeug ist ein weißer Cayenne Diesel mit Sechszylinder-V-Motor, der an einen Kunden in Österreich ausgeliefert wird.

2009 führt der Cayenne die Verkaufsstatistik an.

Im 94. Stock des Shanghai World Financial Center wird am 19. April der neue Porsche Panamera den Journalisten vorgestellt. Anschließend wird der

Der Porsche Panamera S im 94. Stock des World Financial Center in Shanghai.

Panamera bei der Auto Shanghai, Chinas wichtigster Automobilausstellung, dem breiten Publikum gezeigt.

Im Juli beschließt der Aufsichtsrat der Porsche SE den Start der Vorbereitungen für eine Kapitalerhöhung von fünf Milliarden Euro, den Einstieg eines Investors und die Fortführung der Verhandlungen

Dr. Wolfgang Porsche am 23. Juli 2009 im Werk 2.

über die Grundlagenvereinbarung mit der Volkswagen AG. Das Ziel ist die Schaffung eines integrierten Automobilkonzerns. Ein Teilschritt auf diesem Wege ist die Beteiligung der Volkswagen AG an der Porsche AG. Wendelin Wiedeking macht durch seinen Rücktritt den Weg für diese Neuausrichtung frei. Tief bewegt spricht Dr. Wolfgang Porsche bei strömendem Regen zur Belegschaft.

Nach dem Abschied von Dr. Wendelin Wiedeking beruft der Aufsichtsrat am 23. Juli Michael Macht zum Vorstandsvorsitzenden der Porsche AG.

Michael Macht übernimmt den Vorstandsvorsitz am 23. Juli 2009.

Bei Porsche Exclusive entsteht das Sondermodell 911 Sport Classic auf der Basis des 911 Carrera S der Generation 997. Seine Weltpremiere feiert es im September auf der IAA in Frankfurt. Besonders markant ist der feststehende Heckspoiler mit dem

Spitznamen „Entenbürzel" in Anlehnung an den 911 Carrera RS von 1972. Daneben verleihen das Doppelkuppeldach, das verbreiterte Heck des 911 Carrera 4S, eine spezielle Bugschürze und 19-Zoll-Räder im Fuchs-Felgen-Design dem 911 Sport Classic einen einzigartigen Auftritt. Innerhalb von 48 Stunden nach Verkaufsbeginn sind alle 250 Exemplare zum Stückpreis von 201.682 Euro vergriffen.

Der Porsche 911 Sport Classic entsteht bei Porsche Exclusive.

Vom 9. bis 25 Oktober erleben rund 600 deutsche und internationale Journalisten bei Lissabon den neuen 911 Turbo. Herzstück ist der neue Motor mit 3,8 Liter Hubraum, Benzindirekteinspritzung und Turbolader mit variabler Turbinengeometrie (VTG).

Auch im Modelljahr 2010 ist der 911 Turbo als Coupé und als Cabriolet verfügbar.

Der Boxster Spyder ist auf 1.944 Exemplare limitiert.

Auf der Los Angeles Auto Show Anfang Dezember feiert der neue Boxster Spyder seine Weltpremiere. Der 3,4-Liter-Sechszylindermotor mit Benzindirekteinspritzung leistet 235 kW (320 PS).

Nur drei Monate nach dem Verkaufsstart des neuen Panamera wird am 14. Dezember im Werk Leipzig bereits das 10.000. Fahrzeug produziert.

Der 368 kW (500 PS) starke Panamera Turbo in Platinsilbermetallic wird an einen Kunden in Singapur ausgeliefert.

Die Produktion des Panamera im Porsche Werk Leipzig.

Mit dem Taycan bringt Porsche seinen ersten rein-elektrischen Sportwagen auf den Markt.

2010 — MARKENIDENTITÄT — 2019

„Unser Sportwagen der Zukunft wird garantiert als Porsche erkennbar sein.“

Michael Mauer

1930 1940 1950 1960 1970 1980 1990 2000 2010er Jahre

2010

Nach nur sechseinhalb Monaten Bauzeit wird am 1. Februar in Zuffenhausen das Richtfest für die neue Lackiererei gefeiert.

Das Porsche Stammwerk in Zuffenhausen wird um eine neue Lackiererei erweitert.

Unter dem Motto „Porsche Intelligent Performance" zeigt Porsche auf dem Genfer Automobilsalon drei Hybrid-Weltpremieren: Höhepunkt ist dabei die Konzeptstudie 918 Spyder, ein Hochleistungs-Mittelmotorsportwagen mit Plug-in-Hybrid-Technik. Mit dem Cayenne S Hybrid präsentiert Porsche den ersten in Serie gebauten Hybrid in der Unternehmensgeschichte. Die dritte Neuheit ist der 911 GT3 R Hybrid, der erste Porsche-Rennwagen mit elektrischem Vorderachsantrieb und Schwungradspeicher.

Bereits die Studie lässt die sportlichen Ambitionen des 918 Spyder erkennen.

Vom 11. bis 28. April stellt Porsche in Leipzig rund 600 deutschen und internationalen Journalisten den neuen Cayenne vor. Die zweite Generation des sportlichen Geländewagens beeindruckt die Fachpresse mit überzeugenden Fahrleistungen und sportlichem Charakter.

Auch die zweite Generation des Porsche Cayenne wird in Leipzig gefertigt.

Als neue Basismodelle der Gran-Turismo-Baureihe werden ab Mai der Panamera und Panamera 4 angeboten. Beide werden von einem neu entwickelten 3,6-Liter-V6-Motor mit Benzindirekteinspritzung und einer Leistung von 220 kW (300 PS) angetrieben. Die Weltpremiere findet ab dem 23. April auf dem Autosalon Peking statt.

Die Motoren- und Antriebskonzepte der Panamera- Modelle werden um einen 3,6-Liter-V6-Motor ergänzt.

Anfang Mai wird das neue Spitzenmodell der Elfer-Baureihe präsentiert: der 911 Turbo S. Mit 390 kW (530 PS) leistet er 30 PS mehr als der 911 Turbo, sprintet in 3,3 Sekunden von null auf 100 km/h und verfügt über ein maximales Drehmoment von 700 Newtonmetern. Mit nur 11,4 Liter Kraftstoffverbrauch auf 100 Kilometern ist er zugleich der effizienteste Sportwagen seiner Klasse.

Der leistungsstärkste Elfer ist der 911 Turbo S mit 530 PS.

Matthias Müller übernimmt den Vorstandsvorsitz der Porsche AG.

Im Juli 2010 wird Matthias Müller zum Vorstandsvorsitzenden der Porsche AG mit Wirkung zum 1. Oktober 2010 ernannt.

Nur ein Jahr nach Produktionsbeginn wird der 25.000. Panamera in Leipzig gefertigt.

Am 29. Juli läuft in Leipzig der 25.000. Panamera vom Band. Das rubinrote Jubiläumsfahrzeug wird an einen Kunden in den USA ausgeliefert.

Auf der LA Autoshow wird im November der Cayman R präsentiert. Mit 243 kW (330 PS) und 1370 Kilogramm Leergewicht richtet sich der Cayman R an sehr sportlich orientierte Käufer.

Eine Besonderheit ist der nur in 1.621 Einheiten gebaute Cayman R.

2011

Mit dem 911 Carrera GTS erweitert Porsche im Rahmen der Los Angeles Motor Show das Modellangebot. Der als Coupé und Cabriolet erhältliche GTS wird von einem 300 kW (408 PS) starken Saugmotor angetrieben.

Die Spitze der Carrera-Modellreihe bilden die GTS-Varianten mit stärkerem Motor und umfangreicher Serienausstattung.

Auf der Detroit Auto Show sorgt die Konzeptstudie 918 RSR für großes Aufsehen. Als sogenanntes „Race Lab" vereinigt der 918 RSR die Technologie des 911 GT3 R mit dem Design der Studie 918 Spyder.

Im 918 RSR kombiniert Porsche Rennsporttechnologie mit dem Design eines Supersportwagens.

Im März startet Porsche mit dem Panamera S Hybrid ein neues Kapitel seiner Hybridoffensive. Mit einem Verbrauch von 6,8 Liter auf 100 Kilometer (NEFZ) ist der S Hybrid der bisher sparsamste Porsche.

Nicht nur sparsam, sondern auch agil präsentiert sich der Panamera S Hybrid.

Der erste rein elektrische Porsche ist der Versuchsträger Boxster E.

Im Rahmen eines Großversuchs zur Elektromobilität erprobt Porsche im Frühjahr drei rein elektrisch angetriebene Boxster E. Ziel ist es, Erfahrungen im Alltagsbetrieb sowie über das Nutzerverhalten zu sammeln.

Als neues Spitzenmodell der Baureihe 911 besteht der 911 GT3 RS 4.0 im Juni seine Bewährungsprobe: Auf der Nürburgring-Nordschleife absolviert er eine Runde in nur 7:27 Minuten. Das auf 600 Fahrzeuge limitierte Modell wird von einem 368 kW (500 PS) starken Saugmotor angetrieben.

Erstmals bekommt ein Porsche 911 einen 4-Liter- Boxer-Saugmotor.

Nach 156 Runden und 3.958 zurückgelegten Kilometern siegt der 911 GT3 RSR des Team Manthey Racing beim 24-Stunden-Rennen auf dem Nürburgring. Fahrer sind Timo Bernhard, Lucas Luhr, Marc Lieb und Romain Dumas.

Der 911 stellt mit einem weiteren Sieg bei den 24 Stunden am Nürburgring seine Qualitäten als zuverlässiger und schneller Sportwagen unter Beweis.

Am 13. September präsentiert Porsche auf der Frankfurter IAA den neuen 911. Die intern 991 genannte Generation zeichnet sich durch eine einzigartige Kombination von Performance und Effizienz aus. Eine Weltneuheit ist das Siebengang-Schaltgetriebe.

Die mittlerweile siebte Generation des 911 wird 2011 auf der IAA vorgestellt.

2012

Im Februar geht eine neue Generation des Porsche Boxster an den Start. Intern 981 genannt, präsentiert sie sich mit komplett neuem Fahrwerk, noch größerer Effizienz und einer eigenständigen Linienführung.

Für die dritte Generation wird der Porsche Boxster vollständig überarbeitet.

Die Modellreihe Panamera wird um die besonders sportliche Variante Panamera GTS erweitert. Ebenfalls als GTS erhältlich ist ab Mai der Cayenne. Auch ihn zeichnen mehr Motorleistung, dynamischere Kraftentfaltung sowie ein strafferes Fahrwerk mit Tieferlegung aus.

Die Modellreihen Cayenne und Panamera werden um die sportlichen GTS-Varianten erweitert.

Am 5. April verstirbt Ferdinand Alexander Porsche, der Schöpfer des 911. Nach einer erfolgreichen Karriere als Automobildesigner gründete er 1972 das Unternehmen Porsche Design zusammen mit seinem Bruder Hans-Peter Porsche.

Mit 76 Jahren verstirbt Ferdinand Alexander Porsche in Salzburg.

Mit einem eigenen Pavillon ist die Marke Porsche ab dem Sommer in der Autostadt Wolfsburg vertreten.

Der Porsche Pavillon in der Autostadt in Wolfsburg.

Für eine Überraschung sorgt die Konzeptstudie Panamera Sport Turismo auf dem Pariser Automobilsalon. Als Lifestyle-Fahrzeugstudie soll der von einem Plug-in-Hybridantrieb angetriebene Panamera Sport Turismo ein Stück Zukunft repräsentieren.

Porsche überrascht mit dem Panamera Sport Turismo die Fachpresse.

Im Zeichen von drei Premieren steht im Dezember die Los Angeles Auto Show. Vorgestellt werden der neue Cayman der Generation 981, der 911 Carrera 4 und 4S sowie die Panamera Platinum Edition.

Porsche Cayman und Cayman S, Modelljahr 2013.

2013

Der Cayenne S Diesel übertrifft den Cayenne Diesel sowohl bei der Leistung als auch beim Drehmoment.

Ab Januar 2013 ist der 281 kW (382 PS) starke Cayenne S Diesel verfügbar. Der 4,2 Liter große Achtzylindermotor mit Biturboaufladung erreicht ein Drehmoment von 850 Nm. Der NEFZ-Verbrauch beträgt nur 8,3 Liter, wozu unter anderem eine Start-Stopp-Automatik beiträgt. Neues Spitzenmodell der Cayenne-Baureihe ist der 405 kW (550 PS) starke Turbo S.

Auf dem Genfer Automobilsalon zeigt Porsche erstmals den neuen 911 GT3 der Generation 991. Mit ihm beginnt ein neues Kapitel für rundstreckentaugliche Hochleistungssportwagen. Ein technologischer Meilenstein ist die erste aktive Hinterachslenkung in einem Porsche.

Ein echtes Novum ist die aktive Hinterachslenkung beim 911 GT3.

Mit den neuen Panamera S E-Hybrid führt Porsche im Frühjahr den weltweit ersten Plug-in-Hybrid in der Luxusklasse ein. Neben dem Panamera S E-Hybrid kommen unter anderem zwei Executive-Varianten mit verlängertem Radstand auf den Markt. Ebenfalls ein Novum ist der komplett neu entwickelte Dreiliter-V6-Motor mit Biturboaufladung für den Panamera S und 4S.

Ein weiterer Schritt für die Elektrifizierung von Porsche-Fahrzeugen ist der Hybridantrieb im Panamera S E-Hybrid.

40 Jahre nach dem ersten Prototyp des 911 Turbo stellt Porsche auf der Frankfurter IAA eine neue Generation des 911 Turbo und Turbo S vor. Ein neuer Allradantrieb, aktive Hinterachslenkung, adaptive Aerodynamik, Voll-LED-Scheinwerfer und der bis zu 412 kW (560 PS) starke Sechszylinder-Biturbo-Boxermotor des Turbo S untermauern die Rolle der neuen Generation als Technologieträger.

Die Modelle der sechsten Turbo-Generation werden technologisch und fahrdynamisch noch einmal gesteigert.

Anlässlich des 50. Geburtstags des Elfers wird auf der IAA in Frankfurt ein auf 1963 Exemplare limitiertes 911-Sondermodell vorgestellt.

Die erste und die siebte Generation des Porsche 911.

Im Porsche Werk Leipzig wird im Juni 2013 der 100.000. Panamera gebaut.

Das Jubiläumsfahrzeug ist ein Panamera S E-Hybrid in Rhodiumsilbermetallic.

Bei den 24 Stunden von Le Mans erzielt Porsche die Klassensiege 99 und 100. So gewinnt der 911 RSR mit den Werksfahrern Romain Dumas, Marc Lieb und Richard Lietz die Klasse GTE-Pro, in der Klasse GTE-Am siegt das Kundenteam IMSA Performance Matmut.

Ein weiterer Grund zum Feiern ist der 100. Klassensieg beim französischen Langstreckenklassiker Le Mans.

Höhepunkt des Jahres ist die Vorstellung des serienreifen 918 Spyder. Nur wenige Tage vor Messebeginn der IAA erzielt der Hochleistungs-Hybridsportwagen mit 6 Minuten und 57 Sekunden einen neuen Rekord auf der Nürburgring-Nordschleife.

Mit dem 918 Spyder kann Porsche die Nürburgring-Nordschleife in weniger als sieben Minuten umrunden.

Zeitgleich präsentiert Porsche im November auf den Messen in Los Angeles und Tokio den neuen Macan. Produziert wird der kompakte SUV im Porsche Werk Leipzig, wo zuvor 500 Millionen Euro in den Ausbau des Standorts investiert wurden.

Mit dem Macan wird die dritte Modellreihe im Porsche Werk Leipzig produziert.

2014

In das Jahr 2014 startet Porsche mit der Präsentation des neuen, ausschließlich allradgetriebenen, 911 Targa auf der Detroit Motor Show. Highlight des modernen Klassikers ist das innovative Dachsystem, das den klassischen Targa-Bügel zitiert.

Der neue 911 Targa greift den Überrollbügel der ersten Generation wieder auf.

Mit dem 919 Hybrid kehrt Porsche in die Topkategorie der Sportwagen-Langstrecken-WM zurück. Als schnellstes Forschungslabor und komplexester Porsche-Rennwagen aller Zeiten soll der 919 Hybrid an allen acht Läufen der WEC teilnehmen.

Porsche kehrt als Werksteam mit dem 919 Hybrid in die Prototypenklasse der WEC zurück.

Auch beim Boxster und Cayman tragen die sportlichsten Derivate das Kürzel GTS.

Ab dem Frühjahr sind auch die Mittelmotor-Sportwagen Boxster und Cayman als GTS-Varianten verfügbar. Neben 15 Mehr-PS spiegelt sich die Performance der GTS-Modelle auch in Details wie einem eigenständigen Bugteil und einem modifizierten Heck wider.

Beim 24-Stunden-Rennen von Le Mans geht das Porsche-Team in der dramatischen Schlussphase des Rennens leer aus. Nach mehr als 22 Stunden wird der LMP1-Rennwagen mit der Nummer 20 und den Fahrern Timo Bernhard, Brendon Hartley und Mark Webber in Führung liegend durch einen Antriebsdefekt um seinen Sieg gebracht.

Eine überarbeitete Generation des Porsche Cayenne überzeugt ab September mit mehr Komfort, mehr Sicherheit und mehr Fahrdynamik. Der Cayenne S E-Hybrid ist der weltweit erste Plug-in-Hybrid im Premium-SUV-Segment. Er verbraucht lediglich 3,4 Liter auf 100 Kilometer (NEFZ) und kann darüber hinaus bis zu 36 Kilometer rein elektrisch fahren.

Im November wird die Baureihe durch einen neuen Cayenne GTS erweitert, dessen V6-Biturbo 324 kW (440 PS) leistet.

Mit dem Cayenne S E-Hybrid bringt Porsche einen SUV mit Plug-in-Hybridantrieb auf den Markt.

Beim letzten WEC-Rennen der Saison 2014 erzielt das Porsche Team in São Paulo mit dem 919 Hybrid seinen ersten Gesamtsieg.

Die erste Rennsaison des 919 Hybrid beendet Porsche mit einem Gesamtsieg in São Paulo.

2015

Auf der North American International Auto Show in Detroit stellt Porsche mit dem 911 Targa 4 GTS und dem Cayenne Turbo S zwei besonders sportliche Fahrzeuge vor.

Porsche 911 Targa 4 GTS, Modelljahr 2015.

Mit dem Cayman GT4 präsentiert Porsche Anfang März in Genf einen neuen GT-Sportwagen. Motor, Fahrwerk, Bremsen und Aerodynamik des Mittelmotor-Sportwagens sind auf maximale Fahrdynamik ausgelegt. Technisch orientiert er sich am 911 GT3. Als sportlichstes Modell mit Straßenzulassung wird zudem der 911 GT3 RS vorgestellt. Dessen Vierliter-Sechszylinder Boxermotor entfaltet 368 kW (500 PS) und ein Drehmoment von 460 Nm.

In 7:40 Minuten umrundet der Cayman GT4 die Nordschleife.

Am 7. Mai eröffnet Porsche mit dem One Porsche Drive in Atlanta im US-Bundestaat Georgia sein neues Kundenerlebniszentrum mit Firmenzentrale für Nordamerika. Weltweit einmalig in der Automobilbranche bietet der Standort Büro-, Schulungs-, und Veranstaltungsflächen in Kombination mit einer modular angelegten Teststrecke, einer Oldtimergalerie und einer Restaurierungswerkstatt.

Das One Porsche Drive in Atlanta wird die zentrale Anlaufstelle für Porsche-Enthusiasten in den USA.

Die Evolution des Porsche 919 Hybrid wird am 26. März auf dem Circuit Paul Ricard in Frankreich der Öffentlichkeit vorgestellt. Bei den WEC-Läufen in Spa-Francorchamps und Le Mans setzt Porsche nun drei 919 Hybrid ein. Neben den bisherigen Teams Bernhard/Hartley/Webber und Dumas/Jani/Lieb teilen sich Earl Bamber, Nico Hülkenberg und Nick Tandy das dritte Cockpit.

Das LMP1-Team für die Rennsaison 2015.

Mit einem Doppelsieg holt Porsche beim 24-Stunden-Rennen in Le Mans den 17. Gesamtsieg für das Unternehmen. Die Piloten Earl Bamber, Nico Hülkenberg und Nick Tandy sehen mit dem 919 Hybrid auf den Tag genau 45 Jahre nach dem ersten Porsche-Gesamtsieg an der Sarthe als Erste die Zielflagge.

Porsche gewinnt mit dem 919 Hybrid den 24-Stunden- Klassiker an der Sarthe.

Porsche übernimmt die Werkzeugbausparte der Kuka Systems GmbH mit Standorten im sächsischen Schwarzenberg und im slowakischen Dubnica. Der Geschäftsbereich mit mehr als 600 Mitarbeiterinnen und Mitarbeitern wird als Porsche Werkzeugbau GmbH ein hundertprozentiges Tochterunternehmen des Stuttgarter Sportwagenherstellers Dr. Ing. h.c. F. Porsche AG.

Auf der IAA in Frankfurt feiert die Konzeptstudie Mission E ihre Weltpremiere. Der Viertürer mit vier Einzelsitzen verfügt über eine Systemleistung von mehr als 440 kW (600 PS) und eine Reichweite von 500 Kilometern. Dank einer eigens entwickelten 800-Volt-Ladeeinheit stehen die Lithium-Ionen-Batterien schon nach 15 Minuten Ladezeit wieder für 80 Prozent der Reichweite zur Verfügung.

Zukunftsvision in Frankfurt: die Konzeptstudie Mission E.

Porsche Ausbildungszentrum in Zuffenhausen.

Mit Beginn des neuen Ausbildungsjahres eröffnet die Dr. Ing. h.c. F. Porsche AG eines der modernsten Ausbildungszentren der Automobilbranche. Auf einer Gesamtfläche von 14.000 Quadratmetern bietet der Neubau auf dem Gelände des ehemaligen Straßenbahndepots in Zuffenhausen nicht nur Raum für bis zu 500 Auszubildende, sondern auch für Studenten der Dualen Hochschule Baden-Württemberg.

Im September wird Oliver Blume neuer Vorstandsvorsitzender der Porsche AG. Er folgt auf Matthias Müller, der nach Wolfsburg wechselt. Zum stellvertretenden Vorstandssitzenden beruft der Aufsichtsrat Lutz Meschke, Vorstand für Finanzen und IT.

Oliver Blume übernimmt den Vorstandsvorsitz von Matthias Müller.

Der Porsche-Aufsichtsrat gibt grünes Licht für das Projekt Mission E. Für die Produktion wird das Stammwerk in Zuffenhausen massiv umgebaut. Etwa 700 Millionen Euro investiert das Unternehmen in neue Anlagen, eine neue Lackiererei sowie eine eigene Montage. Zusätzlich entstehen mehr als 1.000 Arbeitsplätze.

Mit dem LMP1-Team sichert sich Porsche die Weltmeisterschaft sowohl in der Herstellerals auch in der Fahrerwertung.

Porsche wird Weltmeister in der World Endurance Championship. Bereits vor Saisonende gewinnt der Sportwagenhersteller aus Zuffenhausen die Teamwertung. Am Ende holt das Fahrertrio mit Timo Bernhard, Brendon Hartley und Mark Webber nach acht Läufen auch den Titel in der Fahrerwertung.

2016

Der 911 R feiert auf dem Genfer Automobilsalon Weltpremiere. Wie das gleichnamige Vorbild von 1967 setzt das auf 991 Einheiten limitierte Sondermodell mit einem 368 kW (500 PS) starken Vierliter-Boxer-Saugmotor und einem Sechsgang-Sportschaltgetriebe auf konsequenten Leichtbau, maximale Performance und ungefiltertes Fahrerlebnis.

Purist in klassischem Gewand: der 911 R.

Porsche eröffnet die Markenausstellung „Faszination Sportwagen" in Berlin und bietet Autoenthusiasten erstmals die Möglichkeit, die Marke auch in der Hauptstadt zu erleben.

Porsche fasziniert auch mitten in Berlin.

Mit dem 718 Boxster knüpft Porsche an die Tradition der Vierzylinder-Boxermotoren der 718 Mittelmotor-Sportwagen an. Sie erreichten in den 1950er und 1960er Jahren zahlreiche Rennsiege, unter anderem bei der Targa Florio und in Le Mans. Das neue Triebwerk mit Turboaufladung ist leistungsstärker und zugleich effizienter.

Die Mittelmotor Roadster 718 Boxster und 718 Boxster S.

Der Aufsichtsrat der Dr. Ing. h.c. F. Porsche AG beschließt die Gründung der Porsche Digital GmbH. Ziel des in Ludwigsburg angesiedelten Unternehmen ist es, führender Anbieter für digitale Mobilitätslösungen im automobilen Premiumsegment zu werden.

Im Motorenwerk in Berlin feiert Porsche die Weltpremiere des neuen Panamera. Die zweite Generation des Gran Turismo verbindet die Performance eines Sportwagens mit dem Komfort einer Luxuslimousine. Die neuen Biturbo-Motoren sind leistungsstärker und dank neuem Achtgang-Doppelkupplungsgetriebe bis zu 16 Prozent sparsamer.

Die zweite Generation des Panamera wurde optisch und technisch überarbeitet.

Die Porsche Leipzig GmbH schafft für die Fertigung der neuen Generation des Panamera 600 zusätzliche Arbeitsplätze. Die Belegschaft umfasst nun 4.000 hochqualifizierte Fachleute. Das Unternehmen setzt dabei auf Menschen aus der Region und ist damit eine tragende Säule des Industriestandorts Sachsen.

Das Porsche Werk Leipzig nach dem Umbau.

In Berlin eröffnet Porsche das Porsche Digital Lab um innovative Informationstechnologien zu identifizieren und zu erproben. Teams von Porsche und MHP beschäftigen sich dort mit der Frage, wie Innovationen aus den Bereichen Big Data & Machine Learning, Micro Services & Cloud-Technologien sowie Industrie 4.0 & Internet of Things in die Praxis von Porsche übertragen werden können.

2017

Mit gleich drei Weltpremieren ist Porsche auf dem Genfer Autosalon vertreten: Der Panamera Sport Turismo, der 911 GT3 und der Panamera Turbo S E-Hybrid setzen Maßstäbe in Sachen leistungsstarker Nachhaltigkeit, sportlicher Performance und rasanter Variabilität.

Der Panamera Sport Turismo verfügt über ein 4+1-Sitzkonzept.

Neue hundertprozentige Tochtergesellschaft: Die Dr. Ing. h.c. F. Porsche AG übernimmt 35 Prozent der Anteile an der Porsche Lizenz- und Handelsgesellschaft mbH & Co. KG (Porsche Design Group) von einer Beteiligungsgesellschaft der Familie Porsche. 65 Prozent der Anteile waren bereits in Händen des Stuttgarter Sportwagenherstellers.

Am 11. Mai verlässt das einmillionste Exemplar eines Porsche 911 das Werk. In der Individualfarbe Irischgrün und mit zahlreichen exklusiven Sonderumfängen wie Pepita-Sitzen und einem handgefertigten Mahagoni-Holzlenkrad erinnert das Einzelstück an die ersten Elfer von 1963. Das Jubiläums-Coupé basiert auf dem 911 Carrera S mit leistungsgesteigertem 331 kW (450 PS) starken Boxermotor und Siebengang-Schaltgetriebe. Er beschleunigt in 4,1 Sekunden von 0 auf 100 km/h und erreicht eine Höchstgeschwindigkeit von 312 km/h.

Der einmillionste Porsche 911 in New York City.

Porsche holt zum dritten Mal in Folge den Gesamtsieg bei den 24 Stunden von Le Mans.

Le Mans 2017: Hattrick für den 919 Hybrid. Am Samstagabend um 18.30 Uhr scheint das 24-Stunden-Rennen für den Porsche mit der Startnummer 2 von Earl Bamber, Timo Bernhard und Brendon Hartley verloren: kein Vorderradantrieb mehr, über eine Stunde Reparaturzeit. Doch die 85. Auflage des Langstrecken-klassikers in Le Mans nimmt derart dramatische Wendungen, dass eine fast übermenschliche Aufholjagd vom 56. Platz und ein Rückstand von 18 Runden dennoch mit dem Gesamtsieg belohnt werden. Im Porsche Museum in Zuffenhausen verfolgen Tausende Zuschauer eines der spannendsten 24-Stunden-Rennen aller Zeiten.

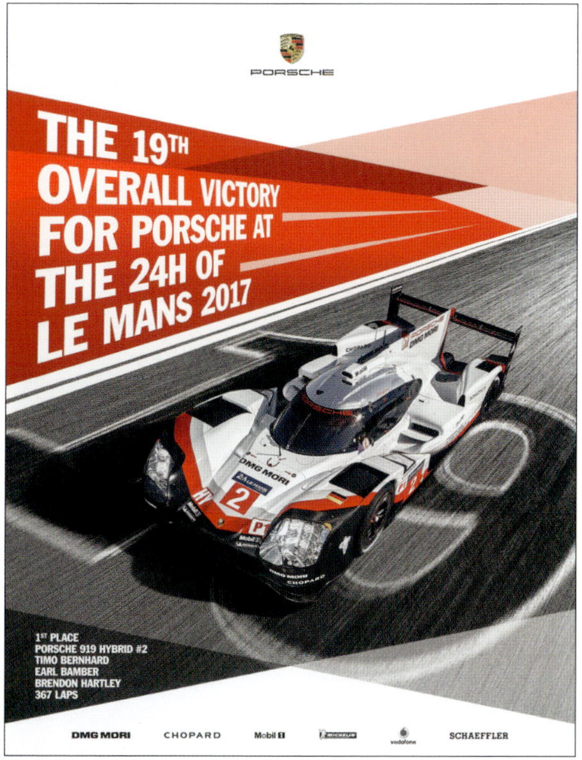

Auf der Internationalen Automobil-Ausstellung in Frankfurt ist der neue Cayenne der Mittelpunkt am Porsche-Stand. Die Weltpremiere der neuen Generation fand aber bereits am 29. August mit einer extra dafür komponierten Symphonie auf der Dachterrasse des Porsche Museums statt.

Der Cayenne geht in die dritte Generation.

Mit der Gründung des Gemeinschaftsunternehmens IONITY stellen die BMW Group, Daimler AG, Ford Motor Company und der Volkswagen Konzern mit Audi und Porsche die Weichen für den Aufbau des leistungsstärksten Schnellladenetzes für Elektrofahrzeuge in Europa.

Die Angaben zu Kraftstoffverbrauch und CO_2-Emissionen finden Sie auf den Seiten 282 und 283.

Porsche erringt 2017 in der FIA-Langstrecken-Weltmeisterschaft im dritten Jahr in Folge das Triple: Sieg in Le Mans, Gewinn der Hersteller-Weltmeisterschaft und die erfolgreiche Verteidigung des Fahrertitels. Porsche beendet damit nach vier Jahren sein Engagement in der Top-Kategorie der WEC.

Jubel nach den 24 Stunden von Le Mans.

2018

Auf dem Genfer Auto-Salon präsentiert Porsche seinen neuen Hochleistungssportwagen, den 911 GT3 RS. Mit seinem Rennsportfahrwerk und einem Vierliter-Hochdrehzahl-Saugmotor mit 383 kW (520 PS) beschleunigt er in nur 3,2 Sekunden von 0 auf 100 km/h und erreicht eine Höchstgeschwindigkeit von 312 km/h.

Der Porsche 911 GT3 RS schafft eine Runde auf dem Nürburgring in 6:56.4 Minuten.

Das zweite Highlight auf dem Genfer Auto-Salon stellt die Konzeptstudie eines elektrisch angetriebenen Cross Utility Vehicle (CUV), des Mission E Cross Turismo, dar. Der viertürige Cross Turismo zeichnet sich besonders durch das emotionale Design mit prägnanten Offroad-Elementen sowie das neuartige Anzeige- und Bedienkonzept mit Touchscreen und Blicksteuerung aus.

Die Konzeptstudie Mission E Cross Turismo.

Ein weiterer Schritt auf dem Weg zu Elektromobilität beschreitet Porsche mit der Vorstellung des neuen Cayenne E-Hybrid. Dieser verbindet Fahrdynamik mit höchster Effizienz und verfügt über eine Systemleistung von 340 kW (462 PS).

Porsche baut seine Hybrid-Palette mit dem Cayenne E-Hybrid weiter aus.

Der dreifache WEC-Sieger 919 Hybrid verabschiedet sich mit einer Tribute-Tour als 919 Hybrid Evo. Ohne die strengen Reglement-Limitierungen der Rennserie erzeugt der Hybridantriebsstrang eine Systemleistung von 1160 PS. Neel Jani umrundet damit den Grand-Prix-Kurs in Spa in neuer Bestzeit. Im Juni fährt Timo Bernhard auf dem Nürburgring die neue Rekordzeit von 5:19.55 Minuten.

Neue Bestzeit am Nürburgring.

Die Angaben zu Kraftstoffverbrauch und CO_2-Emissionen finden Sie auf den Seiten 282 und 283.

Porsche verstärkt sein gesellschaftliches Engagement: Anlässlich des 70-jährigen Bestehens der Marke wird die Ferry-Porsche-Stiftung ins Leben gerufen. Sie soll vor allem Projekte in den Bereichen Bildung und Soziales unterstützen sowie in der Kinder- und Jugendförderung aktiv werden. Ausgestattet ist die Stiftung zunächst mit zehn Millionen Euro. In einem zweiten Schritt folgen weitere zehn Millionen Euro.

Der 911 Speedster Concept wird im Rahmen der Feierlichkeiten zu 70 Jahre Porsche Sportwagen vorgestellt und ist die fahrbereite Studie eines besonders aufregenden Sportwagens. Sein Design erinnert an historische Vorbilder wie den 356 Speedster. Mit seiner puristischen Konzeption spiegelt der 911 Speedster Concept den Markenkern des Stuttgarter Sportwagenherstellers in präziser Klarheit wider.

Übergabe der Anerkennungsurkunde der Ferry-Porsche-Stiftung.

Die Antriebstechnik des 911 Speedster Concept entstammt den GT-Modellen aus dem Porsche Motorsportzentrum.

In der GT-Pro-Klasse der 24 Stunden von Le Mans beendet der Porsche 911 RSR mit der Startnummer 92 nach 344 Runden als Erster die 86. Auflage des Langstreckenklassikers. Das Werksauto greift das berühmte „Sau-Design" des 917/20 aus dem Jahr 1971 auf. Auch die zweite GT-Klasse gewinnt Porsche.

Der 911 RSR holt 2018 den Klassensieg in Le Mans.

Die Angaben zu Kraftstoffverbrauch und CO_2-Emissionen finden Sie auf den Seiten 282 und 283.

Im Rahmen der historischen Motorsportveranstaltung Rennsport Reunion stellt Porsche auf dem Laguna Seca Raceway den neuen 935 vor. Der Wagen ist nicht homologiert und damit unabhängig von den üblichen Reglements. Die Karosserie des 515 kW (700 PS) starken Rennwagens erinnert an den Porsche 935/78. Wie beim historischen Vorbild

Der Porsche 935 ist vor Produktionsbeginn ausverkauft.

bestehen große Teile der Karosserie aus Kohlefaser-Verbundwerkstoff (CFK). Mit dem stromlinienförmigen Heck erstreckt sich der 935 über eine Länge von 4,87 Metern.

Am 27. November feiert der neue 911, intern Generation 992 genannt, in Los Angeles seine Weltpremiere. Vorstandsvorsitzender Oliver Blume sagt dazu: „Die achte Generation des 911 ist noch leistungsstärker, noch emotionaler und noch effizienter als sein Vorgänger. Trotz aller Neuerungen bleibt der Elfer, was er von Anfang an war: ein puristischer Sportwagen, das pulsierende Herz von Porsche. Unsere Ikone.“

Weltpremiere der achten Elfer-Generation in Los Angeles.

2019

Porsche startet auf dem 89. Genfer Auto-Salon mit drei Sportwagenneuheiten: Höhepunkt dabei ist das neue 911 Cabriolet. Daneben wird die 300 PS starke Mittelmotor-Fahrmaschine 718 T als Boxster und Cayman vorgestellt. Der Macan S mit neuem V6-Turbo-Frontmotor ergänzt das Premierentrio.

Dank neuer Hydraulik wird die Öffnungszeit des Verdecks mit fester Glas-Heckscheibe auf rund zwölf Sekunden verkürzt.

Die Angaben zu Kraftstoffverbrauch und CO_2-Emissionen finden Sie auf den Seiten 282 und 283.

Die Cayenne-Familie wächst: Am 21. März findet in Stuttgart die Weltpremiere des Cayenne Coupé statt. Durch eine deutlich früher nach hinten abfallende Dachlinie erhält die Coupé-Variante einen noch dynamischeren Auftritt und positioniert sich damit als das sportlichste Modell im Segment. Die Gesamtfahrzeugentwicklung übernahm Porsche Engineering, für die Umsetzung wurden vor allem Simulations- und virtuelle Entwicklungstools genutzt und zehn digitale Prototypen eingesetzt. Die Markteinführung erfolgt Ende Mai.

Das große Glasdach sorgt für ein einzigartiges Raumgefühl im Cayenne Coupé.

Höchstleistung online: Porsche erweitert seine Markenpokalfamilie im Motorsport um eine virtuelle Weltmeisterschaft, den „Porsche Esports Supercup". Der Name Supercup verweist auf die höchste Kategorie der Markenpokale und unterstreicht die Internationalität und Relevanz der Online-Rennserie, die der Sportwagenhersteller zusammen mit iRacing ausrichtet.

Porsche ist neuer Weltmeister der FIA World Endurance Championship (WEC): Bereits ein Rennen vor Ende der „Super-Saison 2018/2019" sichert sich Porsche den Titel in der Klasse GTE-Pro. Mit dem 109. Klassensieg beim 24-Stunden-Rennen in Le Mans gewinnt das Team Project 1 nicht nur die Klasse GTE-Am, sondern gleichzeitig auch die Fahrer- und Teamweltmeisterschaft.

Klassensieg an der Sarthe.

Beim Goodwood Festival of Speed feiert der neue 911 RSR seine Weltpremiere. Der Rennwagen nach FIA-GTE-Reglement ist eine komplette Neuentwicklung. Im Mittelpunkt steht der vor der Hinterachse verbaute, hocheffiziente Sechszylinder-Saugmotor mit einem Hubraum von 4.194 Kubikmetern. Je nach Einstufung leistet er 515 PS. Es ist der größte Boxermotor, der jemals ab Werk in einem Porsche 911 verbaut ist. Er weist über einen breiteren Drehzahlbereich eine noch bessere Fahrbarkeit auf als

Porsche 911 RSR mit 4,2 Liter Hubraum.

das bewährte Vierliter-Aggregat des Vorgängers. Sein Renndebüt gibt der 911 RSR ebenfalls auf der britischen Insel – beim Saisonstart der FIA World Endurance Championship (WEC) am 1. September in Silverstone.

Mit dem 99X Electric startet Porsche im November in die Formel E. Entscheidend für den Wettbewerb ist die Entwicklung des Antriebsstrangs. Im Sinne der Kostenkontrolle stellt die Formel E das Fahrzeugchassis sowie die Einheitsbatterie, sämtliche Antriebskomponenten sind hingegen Eigenkonzeptionen der Hersteller. Porsche kann daher eigene Wege bei der Entwicklung von Schlüsseltechnologien gehen. Dazu gehören Elektromotor, Umrichter, ein Brake-by-Wire-System, Getriebe, Differenzial, Antriebswellen, die tragende Struktur und Fahrwerksteile an der Hinterachse sowie Kühlsystem und Steuergerät. Stammpiloten für die erste Saison sind Neel Jani und André Lotterer. Die Weltpremiere des Porsche 99X Electric erfolgte bereits am 28. August per Live-Videospiel mit fast einer Million Zuschauern auf Twitch.

Bei einem umfangreichen Testprogramm in Spanien absolviert der 99X Electric in drei Tagen mehr als 1.000 Kilometer.

Die Angaben zu Kraftstoffverbrauch und CO_2-Emissionen finden Sie auf den Seiten 282 und 283.

Mit einer spektakulären Weltpremiere zeitgleich auf drei Kontinenten – in Toronto, Berlin und Fuzhou – präsentiert Porsche am 4. September seinen ersten vollelektrischen Sportwagen, den Taycan. Der aus dem orientalischen Sprachraum stammende Name bedeutet sinngemäß „lebhaftes, junges Pferd" und greift das springende Ross im Porsche-Wappen auf. Die Systemleistung sorgt für über 440 kW (600 PS) und ermöglicht eine Beschleunigung von null auf 100 km/h in unter 3,5 Sekunden. Im Unterschied zu Wettbewerbsfahrzeugen lässt sich der Taycan bis zu zehn Mal hintereinander voll beschleunigen – ohne Leistungsverlust. „Best in Class" ist der Taycan auch beim Rekuperationsmanagement. Die Platzierung der Batterie zentral im Unterboden führt zu einem besonders tiefen Fahrzeugschwerpunkt und macht den Taycan besonders kurvenfreudig – ähnlich wie beim 911.

Der Porsche Taycan bei der Weltpremiere an den Niagarafällen.

Am 9. September eröffnet Porsche gemeinsam mit 320 Gästen aus Politik, Wirtschaft und Medien die neue Fabrik für den Taycan unter dem Motto „smart, lean and green" am Stammsitz Zuffenhausen. Damit beginnt für das Unternehmen ein neues Zeitalter der Automobilproduktion. Die Fertigung ist vernetzt und flexibel. Anstelle eines klassischen Fließbandes kommen bei Porsche fahrerlose Transportsysteme zum Einsatz, auf denen Bauteile und Fahrzeuge von Station zu Station bewegt werden.

Bei der Montage der E-Antriebe und Achsen des Taycan kommen fahrerlose Transportsysteme zum Einsatz.

Mit einer Sonderausstellung in Berlin läutet Porsche das 75. Markenjubiläum ein.

2020 — 75 JAHRE PORSCHE SPORTWAGEN — 2023

„Nur weil Porsche sich immer wieder verändert hat, ist Porsche immer Porsche geblieben."

Oliver Blume

1930 1940 1950 1960 1970 1980 1990 2000 2010 2020er Jahre

2020

Porsche erweitert das Angebot bei den Mittelmotor-sportwagen: Ab März 2020 starten der 718 Cayman GTS 4.0 und der 718 Boxster GTS 4.0 in den Verkauf. In der Kombination GTS-Ausstattung und Vierliter-Sechszylinder-Boxermotor bieten sie sportliche Straffheit und Alltagskomfort. Auch die SUV-Reihe wird um zwei GTS-Modelle erweitert: Als Cayenne GTS und Cayenne GTS Coupé verbessern sie mit dem Vierliter-Biturbo-V8-Motor mit 338 kW (460 PS) ihre Fahrleistungen in allen Disziplinen.

Sportliches Doppelpack mit vier Liter Hubraum.

Nach der Absage des 90. Internationalen Auto-Salons Genf präsentiert Porsche den neuen 911 Turbo S der Generation 992 auf einer virtuellen Pressekonferenz. Der Spitzen-Elfer leistet 478 kW (650 PS) und präsentiert sich stärker, fahrdynamischer und komfortabler denn je. Sein Herzstück ist ein neuer 3,8-Liter-Boxermotor mit zwei VTG-Ladern. Das maximale Drehmoment erreicht jetzt 800 Newtonmeter und der Sprint von null auf 100 km/h verkürzt sich mit dem turbospezifischen Achtgang-PDK auf 2,7 Sekunden. Der 911 Turbo S ist vom Start weg als Coupé und Cabriolet erhältlich.

Porsche 911 Turbo S.

Die Angaben zu Kraftstoffverbrauch und CO_2-Emissionen finden Sie auf den Seiten 282 und 283.

Nach fast zwei Monaten Stillstand aufgrund der Corona-Pandemie wird im Mai im Stammwerk Zuffenhausen und am Standort Leipzig die Produktion schrittweise wieder hochgefahren. Auch das Porsche Museum öffnet unter den Pandemie-Vorgaben des Bundes und des Landes Baden-Württemberg wieder seine Tore.

Stillstand im Porsche-Werk Zuffenhausen.

Erstmals präsentiert Porsche Mitte Mai ein neues Modell im eigenen Web-TV-Format: den 911 Targa. Prägnantes Merkmal bleibt das vollautomatische Dachsystem mit charakteristischem breitem Bügel und einem beweglichen Dachteil über den Vordersitzen. Angetrieben werden die Modelle von einem Sechszylinder-Boxermotor mit drei Litern Hubraum und Biturboaufladung.

Weltpremiere im Web-TV: der Porsche 911 Targa.

Als erstes von insgesamt vier Sammlerstücken aus der Heritage Design Strategie präsentiert Porsche Anfang Juni die 911 Targa 4S Heritage Design Edition. Für das auf 992 Einheiten limitierte Modell wurden historische Designelemente im Exterieur und Interieur neu interpretiert und mit modernster Technologie in einem exklusiven Sondermodell der Porsche Exclusive Manufaktur vereint.

Die 911 Targa 4S Heritage Design Edition zitiert Elemente der 1950er und 1960er Jahre.

In einem spektakulären Saisonfinale beim 12-Stunden-Rennen in Sebring fahren die beiden Porsche 911 RSR einen Doppelsieg ein. Der emotionale und äußerst erfolgreiche Abschied aus der hart umkämpften GTLM-Klasse mit zahlreichen Herstellern in Nordamerika ist der Schlusspunkt unter einem Programm, das innerhalb von sieben Jahren Werkseinsatz eine famose Bilanz lieferte: Sieben Titelgewinne in der IMSA-Serie, fünf Meisterschaften im North American Endurance Cup, 21 Rennsiege, und 56 Podestplätze schlagen für Porsche zu Buche.

Der 911 RSR verabschiedet sich nach sieben erfolgreichen Jahren aus der GTLM-Klasse in den USA.

Die Angaben zu Kraftstoffverbrauch und CO_2-Emissionen finden Sie auf den Seiten 282 und 283.

Der neue Markenpokal-Rennwagen Porsche 911 GT3 Cup dreht seine letzten Runden im Verborgenen: Das nächste Wettbewerbsfahrzeug für den Porsche Mobil 1 Supercup und ausgewählte nationale Carrera Cups ist der erste Rennwagen auf Basis der 911-Generation 992.

Der Porsche 911 GT3 Cup der Elfer-Generation 992 startet 2021 in seine erste Motorsport-Saison.

2021

Porsche feiert den 25. Geburtstag seiner Roadster-Familie mit einem besonderen Jubiläumsmodell: dem Boxster 25 Jahre. Die weltweit auf 1.250 Exemplare limitierte Sonderedition basiert auf dem 294 kW (400 PS) starken Boxster GTS 4.0 mit Vierliter-Sechszylinder-Boxermotor. Sie greift zahlreiche Designmerkmale der Boxster-Studie auf, die 1993 auf der Detroit Motor Show die Erfolgsgeschichte des offenen Zweisitzers einläutete. Der Boxster ging schließlich 1996 in Serie.

Für das Jubiläumsmodell hat Porsche die Farbe Neodyme der Boxster-Studie von 1993 neu interpretiert.

Mit dem neuen 911 GT3 transferiert Porsche pure Renntechnologie noch konsequenter in ein Serienmodell. Das Doppelquerlenker-Vorderachs-Layout und die ausgefeilte Aerodynamik mit Schwanenhals-Heckflügel stammen aus dem 911 RSR. Aus dem 911 GT3 R kommt der 375 kW (510 PS) starke Vierliter-Sechszylinder-Boxermotor.

Rennsporttechnik für die Serie.

Die Weltpremiere des neuen Taycan Cross Turismo findet am 4. März 2021 statt. Als erstes Cross Utility Vehicle der Marke vereint der Fünftürer Porsche-typische Fahrdynamik mit einem geländetauglichen Hightech-Fahrwerk. Das CUV bietet serienmäßig Allradantrieb, Luftfederung und die Performance-Batterie Plus.

Der Taycan Cross Turismo ist der Allrounder unter den Porsche-Elektrosportwagen.

Der Porsche Mobil 1 Supercup setzt mit dem Saisonstart auf erneuerbare Kraftstoffe: Als ersten Schritt verwendet der internationale Markenpokal fortschrittliche Biokraftstoffe und sogenannte eFuels. Um wichtige Erfahrungen für mögliche Weiterentwicklungen im Hinblick auf einen Einsatz in Serienfahrzeugen in der Zukunft zu sammeln, erproben Porsche und Projektpartner ExxonMobil die Eignung erneuerbarer Flüssigkraftstoffe unter harten Motorsportbedingungen. Der neue Porsche 911 GT3 Cup mit seinem hochdrehenden Hochleistungs-Sechszylinder-Boxermotor dient als ideales Testlabor für die Esso Renewable Racing Fuels: Sein starkes 4,0-Liter-Aggregat wurde bereits für den Betrieb mit erneuerbaren Kraftstoffen getestet.

Porsche krönt die Cayenne-Modellreihe mit einem Spitzensportler: Konsequent auf maximale Längs- und Querperformance abgestimmt, verbindet der neue Cayenne Turbo GT außergewöhnliche Fahrdynamik mit einem hohen Maß an Alltagstauglichkeit. Die Grundlage bildet der 471 kW (640 PS) starke Vierliter-V8-Biturbomotor. Der optisch noch sportlicher gezeichnete und ausschließlich als viersitziges Coupé erhältliche Cayenne Turbo GT tritt serienmäßig mit allen verfügbaren Fahrwerksystemen und speziell für ihn entwickelten Performance-Reifen an.

Der Cayenne Turbo GT steht ab Mitte September bei den Händlern.

Die Angaben zu Kraftstoffverbrauch und CO_2-Emissionen finden Sie auf den Seiten 282 und 283.

Beim Joint Venture Bugatti-Rimac übernimmt die Porsche AG die Rolle des strategischen Gesellschafters.

Porsche und Rimac einigen sich auf die Gründung eines Joint Ventures unter Einbindung von Bugatti. Oliver Blume und Mate Rimac unterzeichnen die entsprechenden Verträge und geben den Namen des neuen Hypercar-Herstellers bekannt: Bugatti-Rimac. Die Gründung des Gemeinschaftsunternehmens mit Hauptsitz in Zagreb, Kroatien, erfolgt im vierten Quartal 2021. An dem Joint Venture Bugatti-Rimac werden Rimac 55 Prozent und Porsche 45 Prozent der Anteile halten. Außerdem ist Porsche mit 24 Prozent direkt an Rimac beteiligt. Bugatti wird über den aktuellen Eigentümer Volkswagen in das Joint Venture eingebracht. Die Anteile werden dann an Porsche übertragen.

Comeback historischer Farben für alle Porsche-Modelle. Mit den neuen Optionen „Farbe nach Wahl" und „Farbe nach Wahl Plus" erweitert die Porsche Exclusive Manufaktur das Angebot an besonderen Exterieurfarben für alle Modellreihen. Im Vordergrund steht die Verfügbarkeit typischer Porsche-Farben, die aus der Historie bereits bekannt sind. Für besonders individuelle Farbwünsche besteht zudem die Möglichkeit, Farbtöne nach Kundenwunsch zu kreieren.

Die Porsche Exclusive Manufaktur zitiert ein Foto von zwölf 911 Carrera RSR 3.0 vor der Verladung zum International Race of Champions 1973.

Motorsportpartner Manthey-Racing erringt beim 24-Stunden-Rennen auf dem Nürburgring seinen siebten Gesamtsieg. Werksfahrer Kévin Estre aus Frankreich, Michael Christensen aus Dänemark und der Italiener Matteo Cairoli fahren bei der 49. Auflage des Langstreckenklassikers am Steuer des Porsche 911 GT3 R als Erste ins Ziel. Der Erfolg rundet die Feierlichkeiten zum 25-jährigen Bestehen des Rennstalls aus der Eifel ab. Manthey baut seine Bilanz als erfolgreichstes Team mit seinem siebten Sieg beim 24-Stunden-Rennen aus. Es war zugleich der 13. Triumph eines Porsche.

Gesamtsieg auf dem Nürburgring zum Teamjubiläum.

Die Angaben zu Kraftstoffverbrauch und CO_2-Emissionen finden Sie auf den Seiten 282 und 283.

Mit der Konzeptstudie Mission R gewährt Porsche auf der IAA Mobility 2021 in München einen Einblick in die automobile Zukunft. Der progressive, rein elektrisch angetriebene Rennwagen vereint modernste Technologien und nachhaltige Werkstoffe wie naturfaserverstärkte Kunststoffe, gepaart mit der Leidenschaft für Motorsport. Die beiden Elektromotoren leisten auf der Rennstrecke im sogenannten Qualifying-Modus bis zu 800 kW (1.088 PS). Die Batteriekapazität von rund 80 kWh sowie eine innovative Rekuperation ermöglichen Sprintrennen ohne Leistungsverluste.

Der Porsche Mission R ist die Vision eines rein-elektrischen Fahrzeugs für den Kundenmotorsport.

Anlässlich der Los Angeles Auto Show präsentiert Porsche den neuen 718 Cayman GT4 RS Clubsport. Der Mittelmotor-Rundstreckensportler aus Weissach basiert auf dem ebenfalls neuen Serienmodell 718 Cayman GT4 RS. Markantestes Merkmal ist der 4,0 Liter große Sechszylinder-Boxermotor. Er gleicht dem Hochdrehzahlaggregat des 911 GT3 Cup und leistet 368 kW (500 PS).

Leistungsstarker Kundensport-Rennwagen für die GT4-Klasse.

2022

Erstmals bringt Porsche einen viertürigen Sportwagen mit dem Namenszusatz T.

Porsche präsentiert im Februar den Macan T. Das Kürzel „T" steht für Touring und wird erstmals einem viertürigen Sportwagen zugeschrieben. Das für Touring-Wagen bekannte, vergleichsweise puristische Fahrerlebnis ermöglicht der Macan dank dem gewichtsreduzierten Zweiliter-Turbomotor, der für eine hohe Anfahr-Performance sorgt, und einer sportlichen Serienausstattung.

Der neue Porsche 911 Sport Classic kommt ab April als Hommage an das Porsche-Design der 1960er und 1970er Jahre auf den Markt. Im Rahmen der Heritage Design Edition präsentiert Porsche mit dem 911 Sport Classic die zweite von vier zeitlich gestaffelten Kleinserien. Die auf 1.250 Exemplare limitierten Modelle werden von der Porsche Exclusive Manufaktur gemeinsam mit der Designabteilung „Style Porsche" entwickelt. Die Modelle sind optisch angelehnt an die erste Elfer-Generation von 1963 und den 911 Carrera RS 2.7 von 1972.

Die Angaben zu Kraftstoffverbrauch und CO_2-Emissionen finden Sie auf den Seiten 282 und 283.

Zweimal Entenbürzel: 911 Carrera RS 2.7 von 1972 und 911 Sport Classic von 2022.

Beim 24-Stunden-Rennen von Le Mans siegt Porsche auf dem 911 RSR in der GTE-Pro-Klasse. Am 12. Juni erzielen die Werksfahrer Gianmaria Bruni aus Italien, Richard Lietz aus Österreich und Frédéric Makowiecki aus Frankreich nach über 350 Runden den ersten Platz. Bei diesem letzten Werkseinsatz des 911 RSR stellt das Team in der GTE-Klasse mit 4.769 Kilometern einen neuen Distanzrekord auf.

Der 911 RSR holt bei den 24 Stunden von Le Mans den 110. Klassensieg für Porsche.

Im August kommt der auf maximale Performance ausgelegte Porsche 911 GT3 RS auf den Markt. Der Vierliter-Hochdrehzahl-Saugmotor leistet 386 kW (525 PS), kommt auf eine Höchstgeschwindigkeit von 296 Stundenkilometern und beschleunigt in 3,2 Sekunden von 0 auf 100 km/h. Dabei bedient sich der straßenzugelassene Hochleistungssportwagen konsequent der Technologien und Prinzipien aus dem Motorsport: Dank eines großen Mittenkühlers im Kofferraumbereich bleibt mehr Platz für Aerodynamikelemente, die insgesamt die Performance steigern.

Porsche 911 GT3 RS.

Porsche geht an die Börse.

Mit dem Börsengang startet Porsche in eine neue Ära. Seit dem 29. September 2022 werden die Vorzugsaktien im regulierten Markt der Frankfurter Wertpapierbörse (Prime Standard) unter dem Börsenkürzel „P911", der WKN-Nummer „PAG911" und der ISIN „DE000PAG9113" gehandelt. Bereits zum 19. Dezember 2022 wurde die Porsche AG als sogenannter Fast Entry in den DAX aufgenommen.

Bei der Los Angeles Auto Show enthüllt Porsche im November eine ganz besondere Variante der Sportwagenikone 911: den neuen 911 Dakar. Dieser bietet als erster zweitüriger Seriensportwagen souveräne Offroad-Qualitäten. Die Modellbezeichnung ist eine Referenz an den ersten Porsche-Gesamtsieg bei der Langstreckenrallye Paris-Dakar 1984, als Porsche erstmals einen Allradantrieb im Motorsport eingesetzt hatte. Der damalige Sieg des 911 Carrera 3.2 4x4 Paris-Dakar (953) war zugleich der erste Sieg eines Sportwagens bei dem Wüstenmarathon.

Porsche 911 Dakar.

Mit einem Doppelsieg beim Mexico City E-Prix feiert das TAG Heuer Porsche Formel-E-Team seinen bis dato größten Erfolg. Im Autodromo Hermanos Rodríguez holt Pascal Wehrlein im Porsche 99X Electric von der Pole-Position den ersten Sieg für Porsche in der ABB FIA Formel-E-Weltmeisterschaft. Sein Teamkollege André Lotterer kommt als Zweiter ins

Die Angaben zu Kraftstoffverbrauch und CO_2-Emissionen finden Sie auf den Seiten 282 und 283.

Ziel und macht damit den Triumph des Stuttgarter Sportwagenherstellers beim dritten Formel-E-Rennen der Saison perfekt.

Porsche-Doppelsieg in der Formel E.

Erster DTM-Triumph für Porsche durch Team 75 Bernhard: Unter Leitung des Porsche-Markenbotschafters Timo Bernhard erringt das Team 75 Bernhard mit Werksfahrer Thomas Preining am Steuer den ersten Sieg für Porsche bei der traditionsreichen Rennserie DTM. Auf Platz zwei folgt sein norwegischer Markenkollege Dennis Olsen. Rang vier belegt Werksfahrer Laurens Vanthoor.

Thomas Preining und das Team 75 Bernhard holen den ersten DTM-Sieg für Porsche.

Das Team Porsche Penske Motorsport präsentiert im britischen Goodwood den neuen Porsche 963 in markentypischen Motorsportfarben: Weiß, Rot und Schwarz. Die Hybrid-Prototypen nach LMDh-Reglement werden ab 2023 in der FIA-Langstrecken-Weltmeisterschaft WEC und der IMSA WeatherTech SportsCar Championship bei den weltweit größten Langstreckenrennen starten.

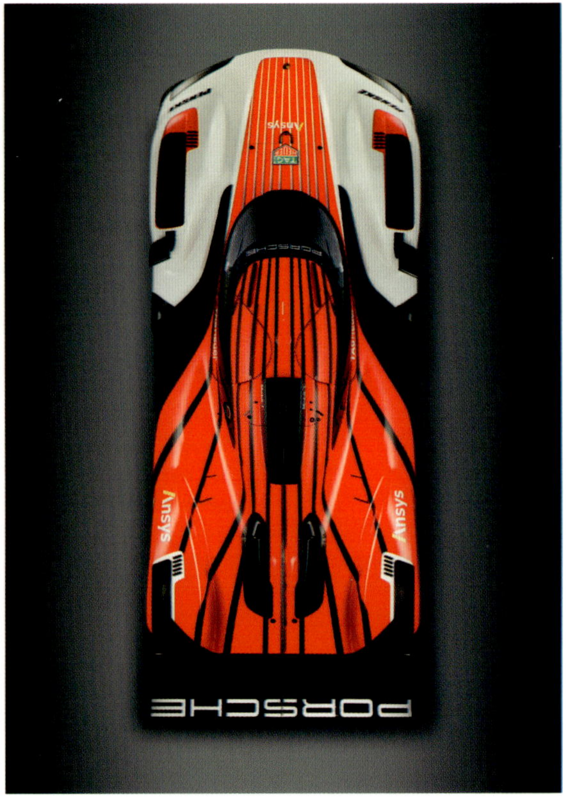

Hybrider Motorsportler Porsche 963.

Mit der jüngsten Generation des 911 GT3 R stellt Porsche einen neuen Kundensportrennwagen vor. Der Herausforderer für den weltweiten Einsatz in GT3-Serien basiert auf der Elfer-Generation 992. Die Entwickler legten das Hauptaugenmerk auf eine verbesserten Fahrbarkeit für Profis und sogenannte Gentleman-Fahrer sowie größere Leistungsreserven je nach Einstufung durch die „Balance of Performance" (BoP). Auch eine vereinfachte Handhabung des Rennwagens für die Teams und optimierte Laufzeitkosten standen im Mittelpunkt.

Der Porsche 911 GT3 R hat eine besonders leichte Karosserie aus Carbon.

Das Porsche Werk Leipzig feiert Jubiläum: 2002, also vor 20 Jahren, rollte das erste Fahrzeug – ein Porsche Cayenne – im Rahmen einer feierlichen Werkseröffnung vom Band. Was klein begann, war für Porsche der Beginn einer Erfolgsgeschichte. Das einstige Montagewerk wurde über mehrere Ausbauschritte zum Vollwerk weiterentwickelt und beheimatet auch ein Porsche Experience Center. Heute zählt der Produktionsstandort in Sachsen mit mehr als 4.400 Mitarbeitern zu einem der größten Arbeitgeber der Region und ist ein Wirtschaftsmotor der Stadt.

20 Jahre Porsche Leipzig.

Porsche Deutschland eröffnet im Oktober im Herzen der Stuttgarter Innenstadt den weltweit ersten Brand Store. Damit entsteht ein Ort, an dem die Marke und der Markenkern „Driven by Dreams“ hautnah erlebt werden können.

Porsche erleben in der Stuttgarter Innenstadt.

Inbetriebnahme der weltweit ersten integrierten kommerziellen Anlage zur Herstellung von eFuels. Die Anlage wurde vom Sportwagenhersteller Porsche gemeinsam mit seinem chilenischen Partner HIF, Siemens Energy und einer Reihe weiterer internationaler Unternehmen in Punta Arenas in Chile mit dem Ziel der Herstellung von potenziell nahezu CO_2-neutralem Kraftstoff (eFuel) errichtet. Zur Eröffnungsfeier dieses zukunftsweisenden Projekts sind unter anderem der chilenische Energieminister Diego Pardow, der chilenische Wirtschaftsminister Nicolas Grau sowie der baden-württembergische Verkehrsminister Winfried Hermann zugegen. Der produzierte Kraftstoff soll zunächst in Leuchtturmprojekten und in Porsche Experience Centern eingesetzt werden. Nach der Pilotphase ist ab Mitte des Jahrzehnts eine große Skalierung der Produktion geplant.

Porsche setzt auf erneuerbare Kraftstoffe.

2023

Die Exterieurstudie Porsche Vision 357 ist das Highlight der Sonderausstellung „Driven by Dreams. 75 Jahre Porsche Sportwagen", die Ende Januar im „DRIVE. Volkswagen Group Forum" in Berlin eröffnet. Die Studie auf der Technikplattform des 718 Cayman GT4 RS ist eine Hommage an den Porsche 356. Mit seiner monolithischen Form, der schmalen Fahrgastzelle mit früh nach hinten abfallender Flyline und den breiten Schultern erinnert der Porsche Vision 357 in seinen Proportionen an den Ahn. Die Frontscheibe ist stark um die A-Säulen gezogen. Gleichzeitig zeigt sie mögliche Ausprägungen einer zukünftigen Designphilosophie. Prägnantes Beispiel ist die konsequent weitergedachte Lichtsignatur.

Premiere des Porsche Vision 357 bei der Eröffnungsfeier in Berlin.

Der neue Hybridprototyp Porsche 963 sammelt bei seinem Renndebüt in der IMSA WeatherTech SportsCar Championship wichtige Erfahrungen. Beide Fahrzeuge fallen zwar beim 24-Stunden-Rennen von Daytona aufgrund technischer Defekte aus der Spitzengruppe heraus. Nach teils umfangreichen Reparaturen sammeln die beiden Fahrercrews dennoch wichtige Punkte in der nordamerikanischen Meisterschaft.

Der Porsche 963 startet erstmals in Daytona.

Die Angaben zu Kraftstoffverbrauch und CO_2-Emissionen finden Sie auf den Seiten 282 und 283.

Starker Saisonstart für Porsche in der Formel E: Beim Mexico City E-Prix holt der neue Porsche 99X Electric Gen3 einen Doppelsieg. Das Porsche-Kundenteam Avalanche Andretti gewinnt mit seinem Fahrer Jake Dennis (GBR) das Auftaktrennen der ABB FIA Formel-E-Weltmeisterschaft in Mexiko-Stadt. Für das TAG Heuer Porsche Formel-E-Team fährt Werksfahrer Pascal Wehrlein (GER), der Mexiko-Sieger von 2022, nach einer sehenswerten Aufholjagd als Zweiter über die Ziellinie.

Doppelsieg zum Saisonauftakt.

Dr. Wolfgang Porsche.

Dr. Wolfgang Porsche begeht am 10. Mai seinen 80. Geburtstag. Als Aufsichtsratsvorsitzender und Sprecher der Familie Porsche führt er das Lebenswerk seines Großvaters und seines Vaters fort. Er ist das Gesicht der Marke Porsche und ihr wichtigster Botschafter.

Am 8. Juni feiert Porsche sein 75. Markenjubiläum mit einem Festakt in Stuttgart-Zuffenhausen und dem Festival of Dreams auf dem Hockenheimring am darauffolgenden Wochenende. Die Feierlichkeiten stehen unter dem Motto „Driven by Dreams“. Der Slogan spiegelt das Selbstverständnis wider, mit dem die Menschen hinter Porsche jeden Tag daran arbeiten, die Träume der Kunden rund um den Globus zu erfüllen. Oliver Blume: „75 Jahre Porsche stehen für Pioniergeist, Herzblut und Träume. Wir feiern gemeinsam mit Menschen, die von Träumen angetrieben sind.“

Porsche feiert das 75. Markenjubiläum.

PORSCHE
75
1948
2023
357

Die Evolution des Porsche 911

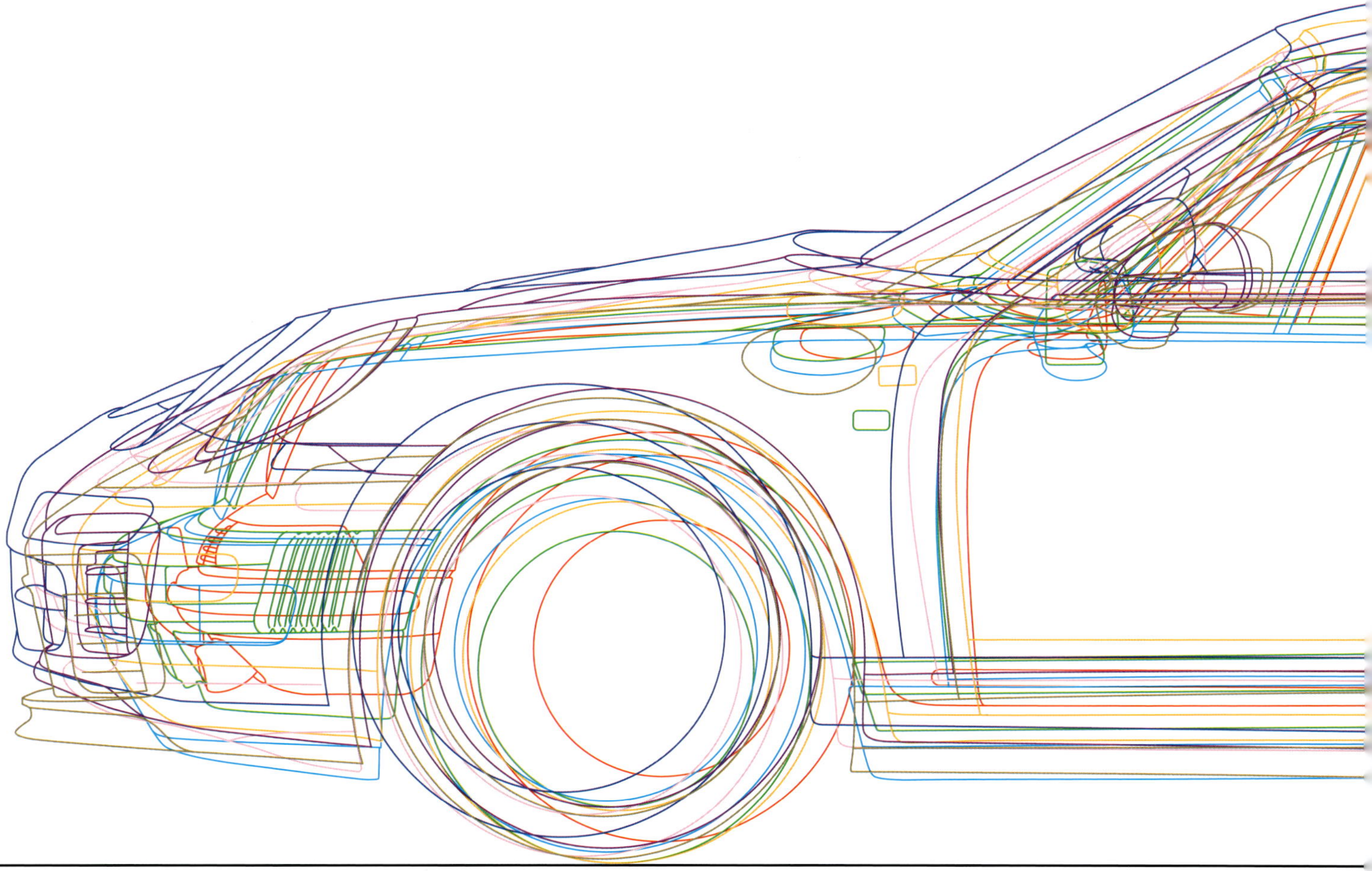

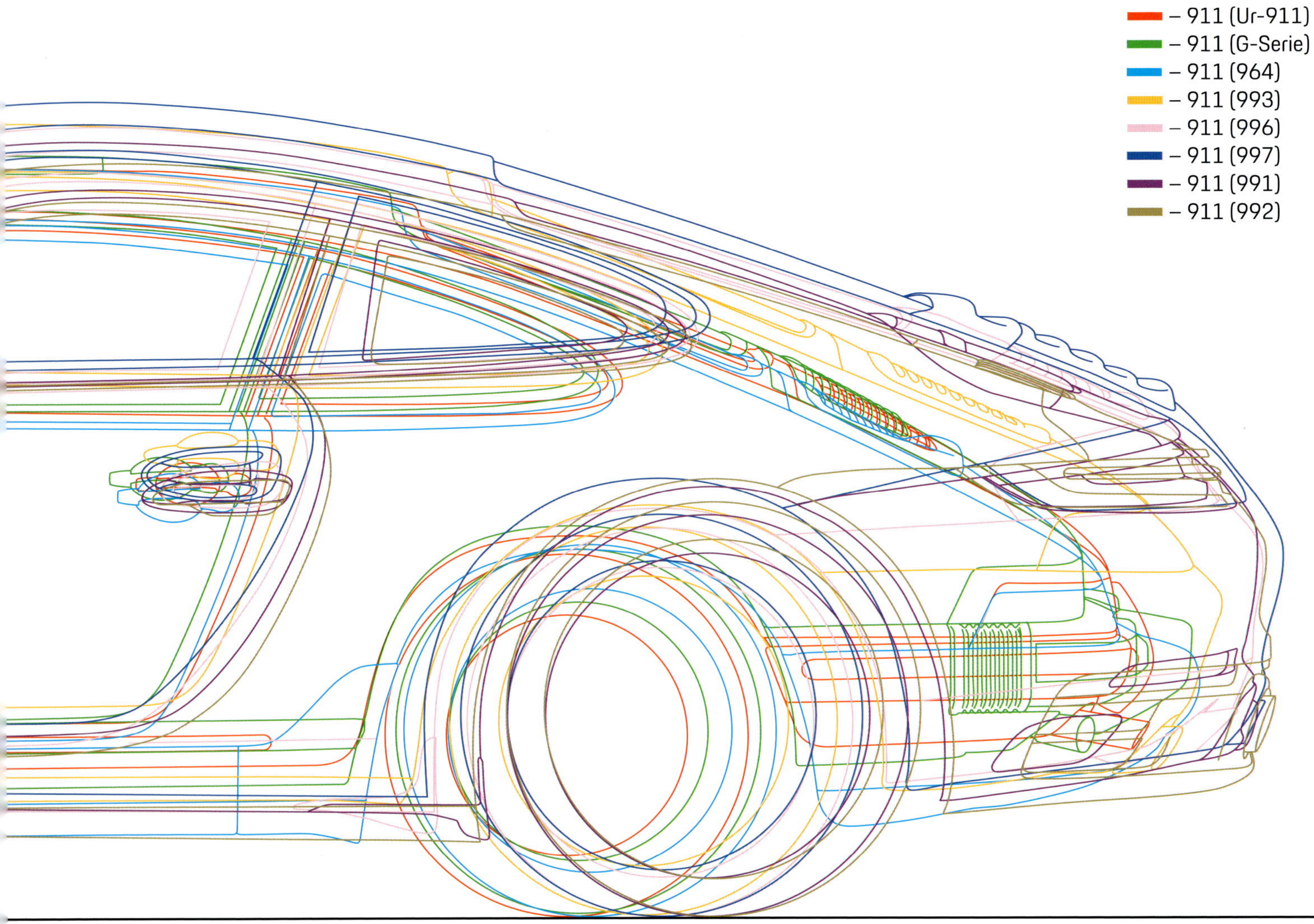
– 911 (Ur-911)
– 911 (G-Serie)
– 911 (964)
– 911 (993)
– 911 (996)
– 911 (997)
– 911 (991)
– 911 (992)

Die Generationen des Porsche 911 Turbo

Die Angaben zu Kraftstoffverbrauch und CO_2-Emissionen finden Sie auf den Seiten 282 und 283.

Die Erfolgsgeschichte von Porsche in Le Mans

19
PORSCHE
GESAMTSIEGE IN LE MANS

110
PORSCHE
KLASSENSIEGE IN LE MANS

SIEGER ALLER KLASSEN

Einzigartiges Le Mans. Da ist die 13,6 Kilometer lange Strecke mit vier Geraden – jede so lang wie die längste Gerade der Formel 1. Da ist die Renndistanz. Und das Starterfeld: Rund 55 Wagen nehmen Jahr für Jahr an dem weltberühmten Rennen teil. Die Schnellsten – meist speziell entwickelte Prototypen – kämpfen um den Gesamtsieg. Je nach Hubraum und technischer Auslegung starten zudem Sportwagen und Gran-Turismo-Rennwagen in weiteren Klassen. Auch hier hält Porsche mit 110 Erfolgen einen Rekord. Die Geschichte der Rennwagen aus Stuttgart-Zuffenhausen in Le Mans beginnt mit einer Serie von Klassensiegen der 1,1- bis 1,6-Liter-Porsche in den Jahren 1951 bis 1958.

Immer wieder fahren das Werk und Kundenteams zu überlegenen Erfolgen. 1970 gewinnen der 917, der 908 und der 911 sämtliche Klassen, der 914 vier von fünf; 1982 gelingt das Kunststück des Sieges in allen Klassen mit dem 956, dem 935, 934 und 924 erneut. Nach dem ersten Klassensieg eines Porsche 911 im Jahr 1966 ist die Sportwagenikone vor allem bei den seriennahen Rennwagen regelmäßig ganz vorne zu finden.

Porsche 917 KH

Richard Attwood

Hans Herrmann

1970

Quantensprung
Ein mächtiger V12-Motor und ein extrem leichter Rennwagen: Mit einem Quantensprung erringt Porsche erstmals den Gesamtsieg in Le Mans.

Porsche 917 KH

Dr. Helmut Marko

Gijs van Lennep

1971

Wer wagt, gewinnt
Der leichte Magnesiumrahmen des weißen 917 Kurzheck stellt ein Wagnis dar. Der Motor ist noch stärker als im Vorjahr. Die Rekorddistanz der Sieger bleibt für Jahrzehnte unerreicht.

Porsche 936/76

Jacky Ickx

Gijs van Lennep

1976

Turbo-Triumph
Porsche setzt 1974 erstmals einen Turbo-Motor in Le Mans ein. Zwei Jahre später ist der 936 Spyder der erste Turbosieger bei den 24 Stunden von Le Mans.

Porsche 936/77

Jürgen Barth | Hurley Haywood | Jacky Ickx

1977

Neun Runden Rückstand und Sieg
Das Rennen ist eine Stunde alt und der Porsche 936/77 Spyder liegt nach einer Reparatur auf dem 41. Platz. 23 Stunden später fährt der Spyder auf fünf Zylindern ins Ziel – als Sieger.

Porsche 935 K3

Klaus Ludwig | Don Whittington | Bill Whittington

1979

Meilenstein
Das deutsche Porsche Kremer Racing Team setzt mit dem ersten Sieg für einen Porsche-Kunden und dem ersten Erfolg eines Heckmotor-Rennwagens einen Meilenstein.

Porsche 936/81

Jacky Ickx | Derek Bell

1981

Kick-Off der Siegesserie
Der 936 Spyder steht schon im Museum, als Porsche den Start in Le Mans beschließt. Mit neuem Motor und neuer Aerodynamik eröffnet der 936/81 die Rekordserie von sieben Triumphen.

Porsche 956 LH

Jacky
Ickx

Derek
Bell

1982

Premierensieg
Ein eingespieltes, erfahrenes Team, ein bewährtes Technikpaket und eine revolutionäre Aerodynamik erweisen sich als unschlagbare Kombination.

Porsche 956 LH

Al
Holbert

Hurley
Haywood

Vernon
Schuppan

1983

Neun von zehn
Der Porsche 956 wird schnell zum erfolgreichsten Prototyp. Porsche baut den Rennwagen nun auch für Kunden. Das Ergebnis: Sieg Nummer acht. Und neun 956 in den Top-Ten.

Porsche 956 LH

Henri
Pescarolo

Klaus
Ludwig

1984

Erster Sieg für Kunden-956
Der Porsche 956 bleibt das Maß der Dinge. Joest Racing gewinnt, sieben weitere 956 fahren in die Top-Ten. Das Werk tritt aus Protest gegen eine Regeländerung nicht an.

Porsche 956 LH

Paolo Barilla | Klaus Ludwig | John Winter

1985

Werksteam geschlagen, Porsche-Erfolg gefeiert

Auch das ist erfolgreicher Kundensport. Das private Joest Racing Team und die Mannschaft von Richard Lloyd Racing beenden das Rennen vor dem 962 C des Werksteams.

Porsche 962 C LH

Derek Bell | Hans-J. Stuck | Al Holbert

1986

Das fehlte noch

Weltweit fährt der Porsche 962 fast unschlagbar zu Rennsiegen und Championaten. Jetzt gelingt auch der Sieg in Le Mans.

Porsche 962 C LH

Derek Bell | Hans-J. Stuck | Al Holbert

1987

Lohn für volles Risiko

Nach einer Stunde ist nur noch ein Porsche 962 C des Werks gegen sehr starke britische Konkurrenz im Rennen. Das Team entscheidet sich für volles Risiko, Angriff – und gewinnt.

Porsche 962 Dauer Le Mans GT

Mauro Baldi

Yannick Dalmas

Hurley Haywood

1994

Renaissance des 962

Ende der 1980er Jahre ging die Ära des berühmten Porsche 962 C zu Ende. Der einstige Dauersieger kehrt in einer Gran Turismo Version zurück und siegt beim einzigen Start.

TWR-Porsche WSC Spyder

Manuel Reuter

Alexander Wurz

Davy Jones

1996

Goodbye Amerika, bonjour Le Mans

Porsche hat den TWR-Porsche WSC Spyder für die USA konzipiert, stoppt aber das Programm. Joest Racing leiht den Rennwagen aus, Weissach perfektioniert die Aerodynamik. Der Spyder gewinnt.

TWR-Porsche WSC Spyder

Michele Alboreto

Stefan Johansson

Tom Kristensen

1997

Wiederholungstäter

Joest Racing hat den siegreichen TWR-Porsche WSC Spyder von 1996 übernommen, setzt alles auf diesen einen offenen Rennwagen und kann erneut zum Sieg fahren.

Porsche 911 GT1 '98

Allan McNish | Stéphane Ortelli | Laurent Aïello

1998

Schlussspurt und Doppelsieg
Ein Jahrhundertrennen mit fünf Werksteams am Start. In der Schlussphase das Duell Porsche gegen Toyota. Es endet mit dem Doppelsieg des 911 GT1 '98.

Porsche 919 Hybrid

Nico Hülkenberg | Earl Bamber | Nick Tandy

2015

Erfolg für Avantgarde-Hybrid
Porsche setzt auf ein einzigartiges System zur Energierückgewinnung und startet in der höchsten Effizienzklasse. Am Ende sind zwei 919 Hybrid ganz vorne.

Porsche 919 Hybrid

Romain Dumas | Neel Jani | Marc Lieb

2016

Platz eins nach Dauerduell
23 Stunden, 56 Minuten und 35 Sekunden liegen Porsche und Toyota im Clinch. Dann rollt der japanische Wagen aus. Der Porsche 919 Hybrid gewinnt.

Porsche 919 Hybrid

Earl Bamber

Timo Berhnard

Brendon Hartley

2017

Nichts für schwache Nerven
Am frühen Sonntagmorgen fällt einer der zwei 919 Hybrid in Führung liegend aus. Der andere zeigt eine unglaubliche Aufholjagd von Platz 56. Sie endet mit dem 19. Gesamtsieg in Le Mans.

Mitarbeiterzahlen

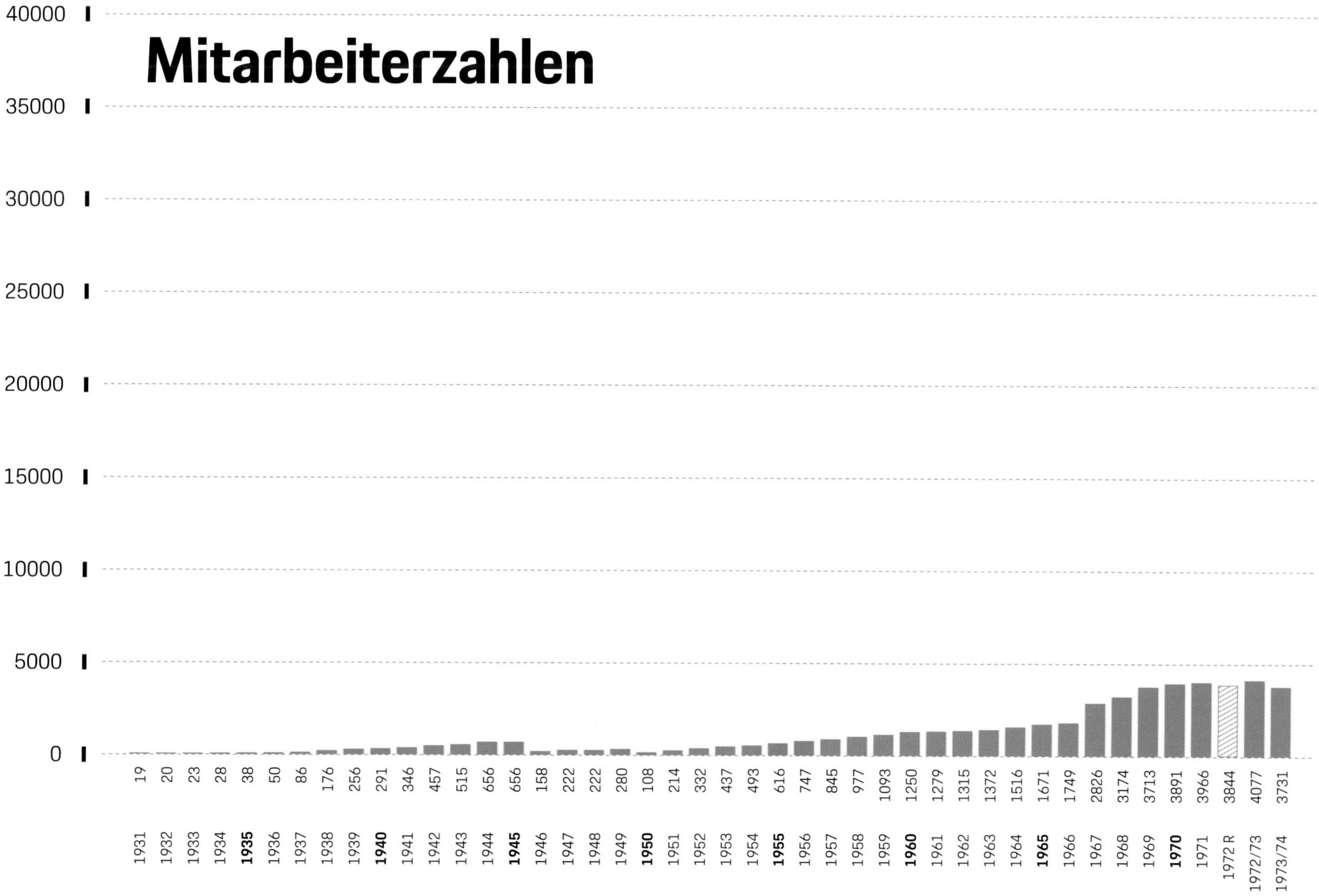

Rumpfgeschäftsjahr: Aufgrund der Umwandlung der bisherigen Porsche KG in eine Aktiengesellschaft zum 1. August 1972 gehen die Geschäftsjahre fortan vom 1. August bis zum 31. Juli des nächsten Jahres. Im Hinblick auf die Schaffung eines integrierten Automobilkonzerns mit Volkswagen wird das Geschäftsjahr der Porsche AG zum 1. Januar 2011 wieder auf das Kalenderjahr umgestellt.
Für die Zeiträume vom 1. Januar 1972 bis 31. Juli 1972 und vom 1. August 2010 bis 31. Dezember 2010 wird deshalb jeweils ein sogenanntes Rumpfgeschäftsjahr gebildet.

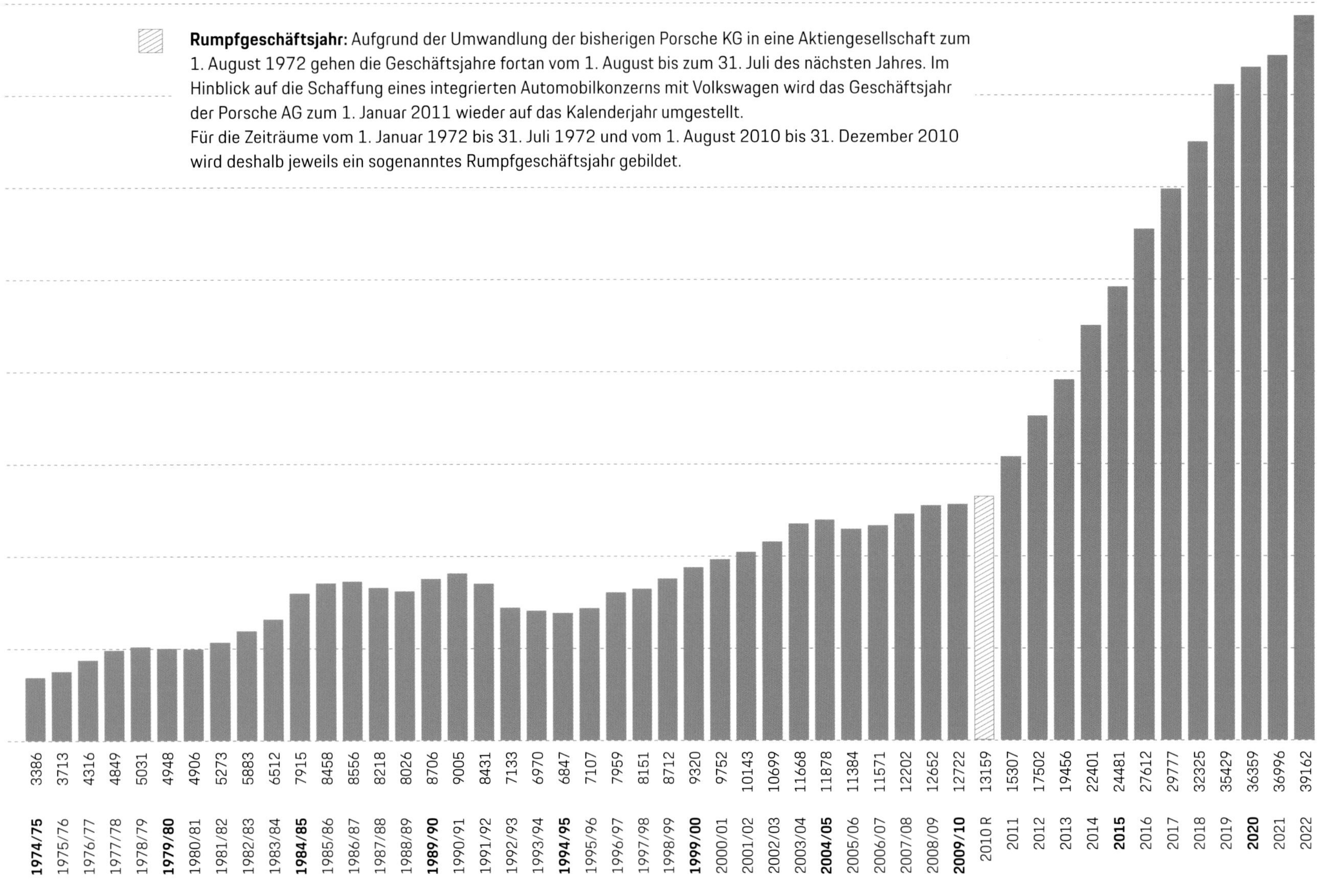

Umsatz in Millionen

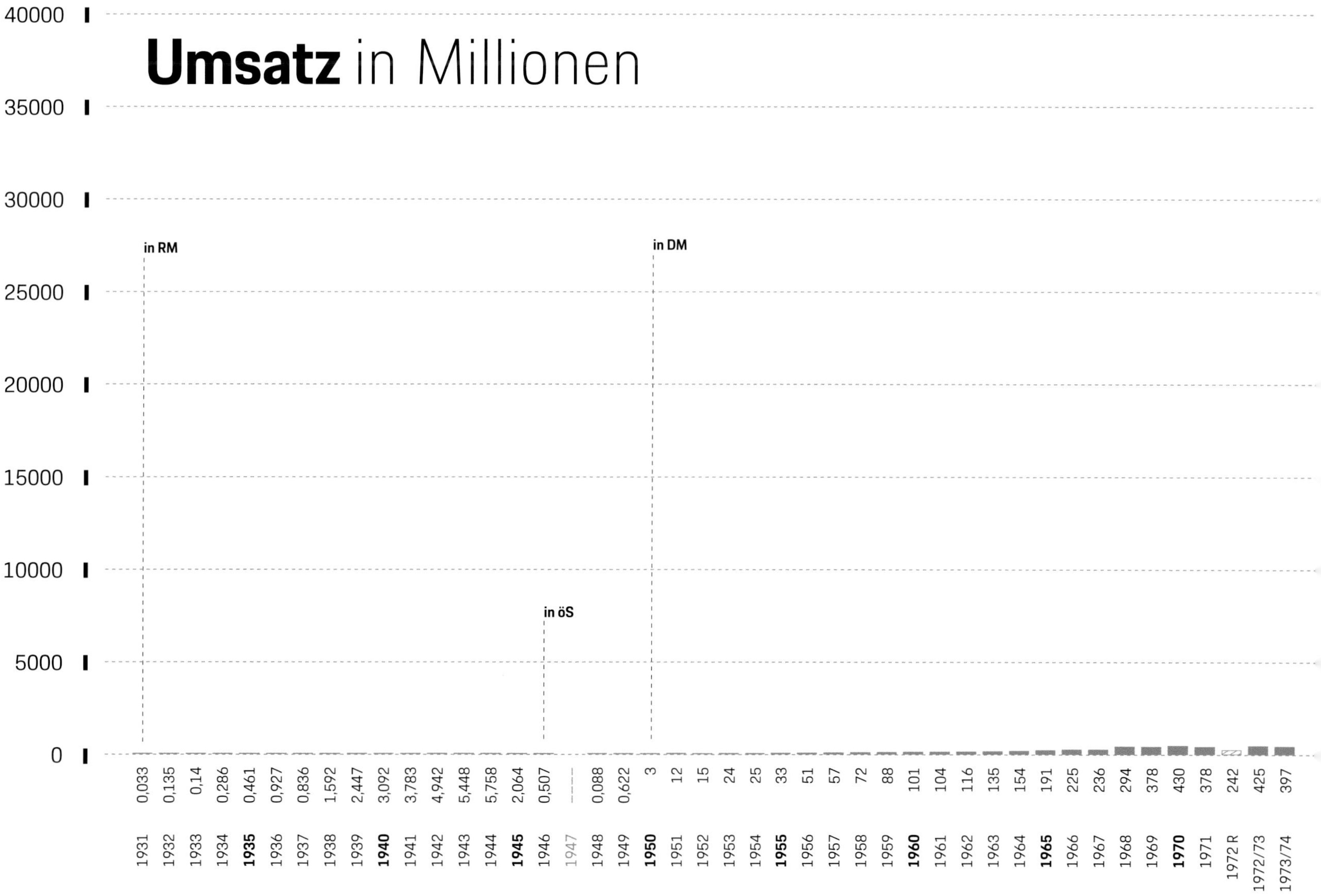

Rumpfgeschäftsjahr: Aufgrund der Umwandlung der bisherigen Porsche KG in eine Aktiengesellschaft zum 1. August 1972 gehen die Geschäftsjahre fortan vom 1. August bis zum 31. Juli des nächsten Jahres. Im Hinblick auf die Schaffung eines integrierten Automobilkonzerns mit Volkswagen wird das Geschäftsjahr der Porsche AG zum 1. Januar 2011 wieder auf das Kalenderjahr umgestellt.
Für die Zeiträume vom 1. Januar 1972 bis 31. Juli 1972 und vom 1. August 2010 bis 31. Dezember 2010 wird deshalb jeweils ein sogenanntes Rumpfgeschäftsjahr gebildet.

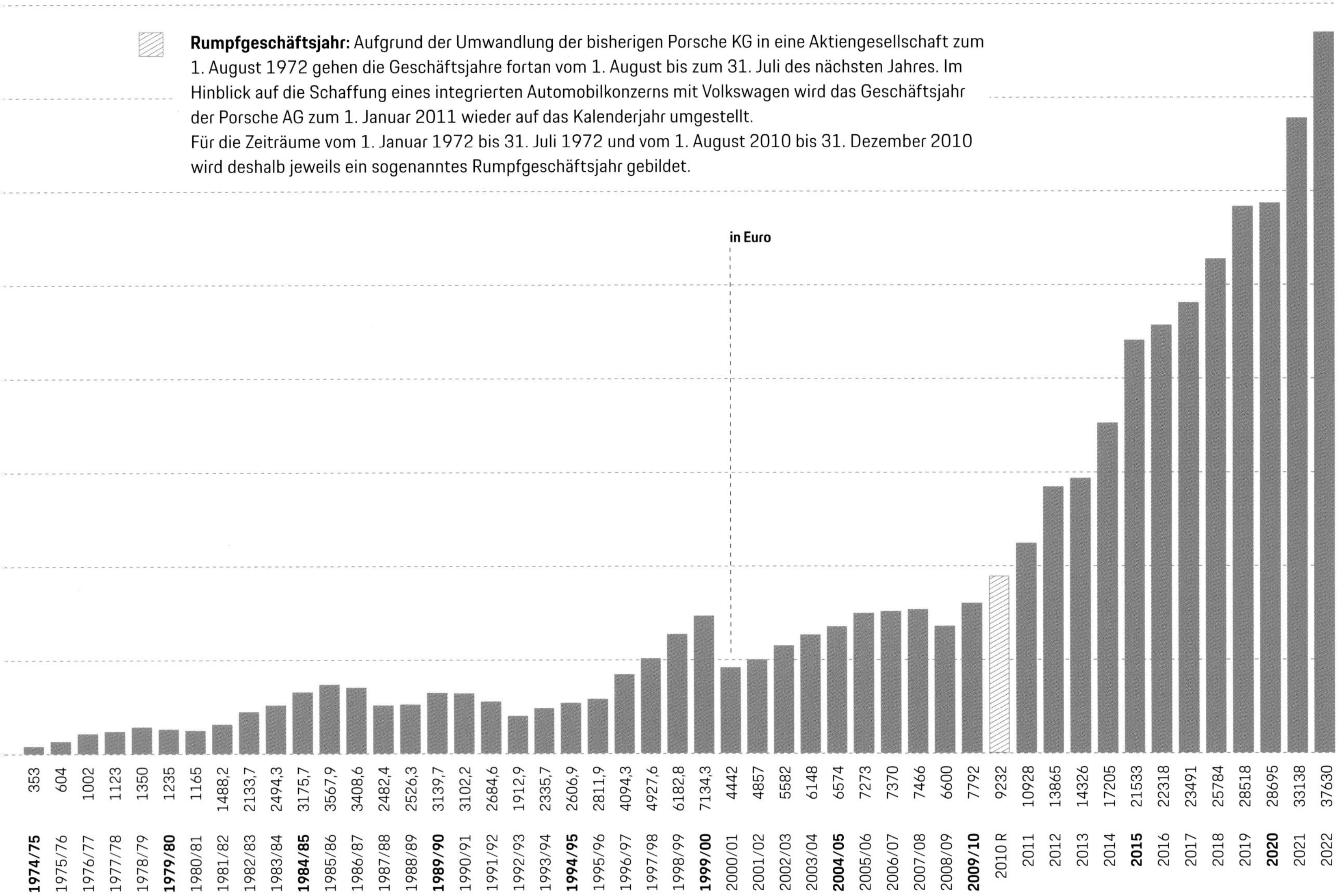

Produktionsstückzahlen ab 1948

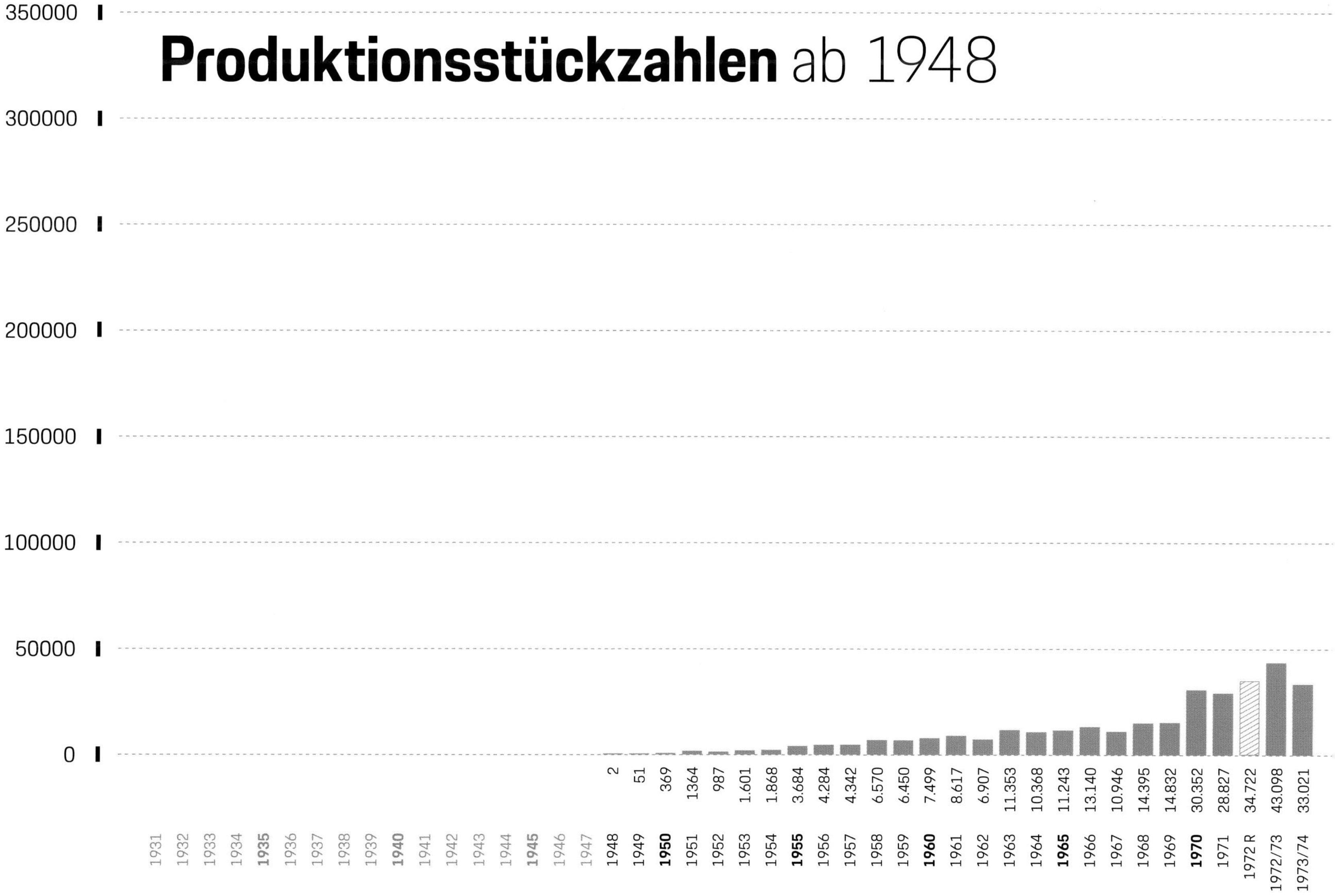

Rumpfgeschäftsjahr: Aufgrund der Umwandlung der bisherigen Porsche KG in eine Aktiengesellschaft zum 1. August 1972 gehen die Geschäftsjahre fortan vom 1. August bis zum 31. Juli des nächsten Jahres. Im Hinblick auf die Schaffung eines integrierten Automobilkonzerns mit Volkswagen wird das Geschäftsjahr der Porsche AG zum 1. Januar 2011 wieder auf das Kalenderjahr umgestellt.
Für die Zeiträume vom 1. Januar 1972 bis 31. Juli 1972 und vom 1. August 2010 bis 31. Dezember 2010 wird deshalb jeweils ein sogenanntes Rumpfgeschäftsjahr gebildet.

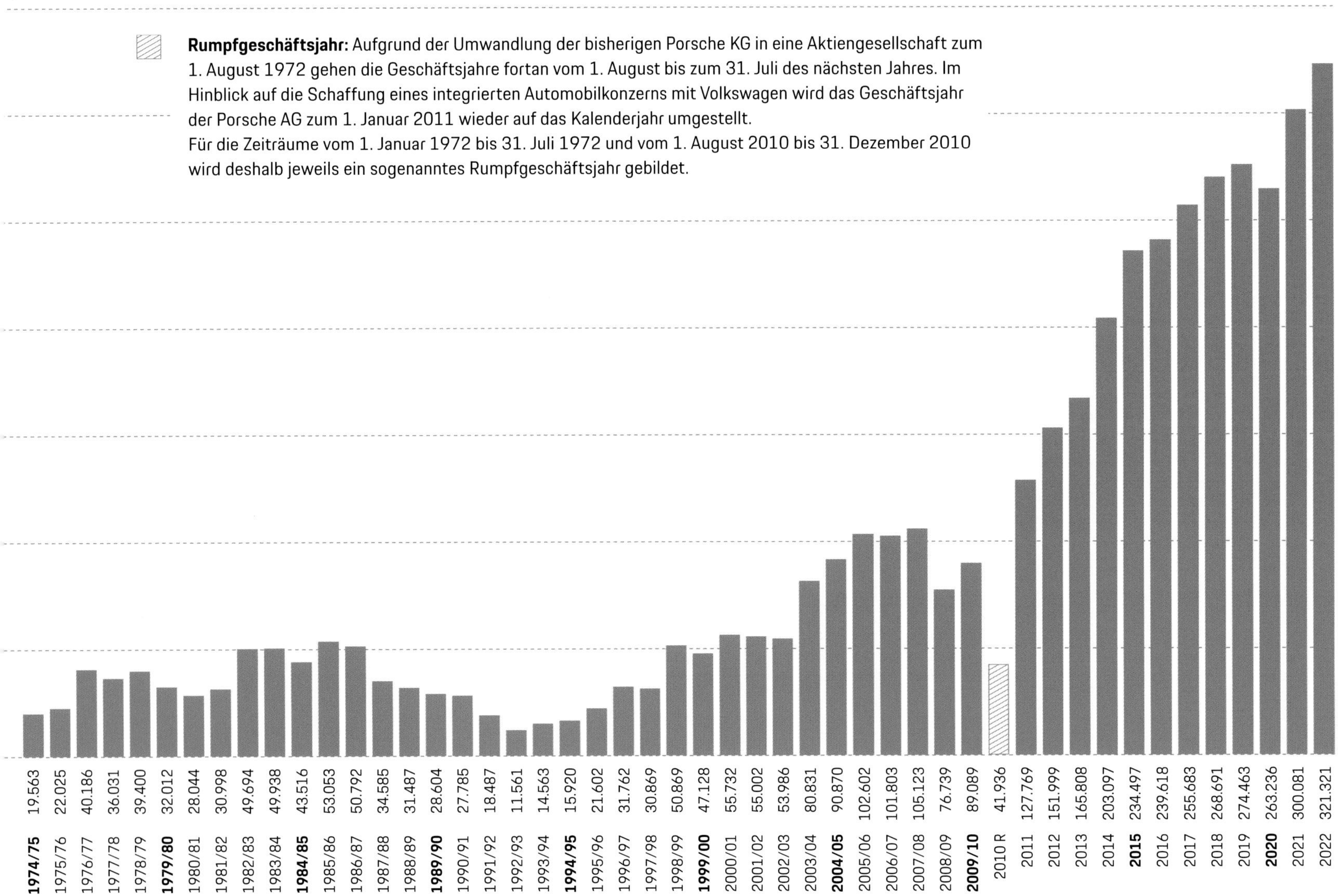

Porsche Experience Center

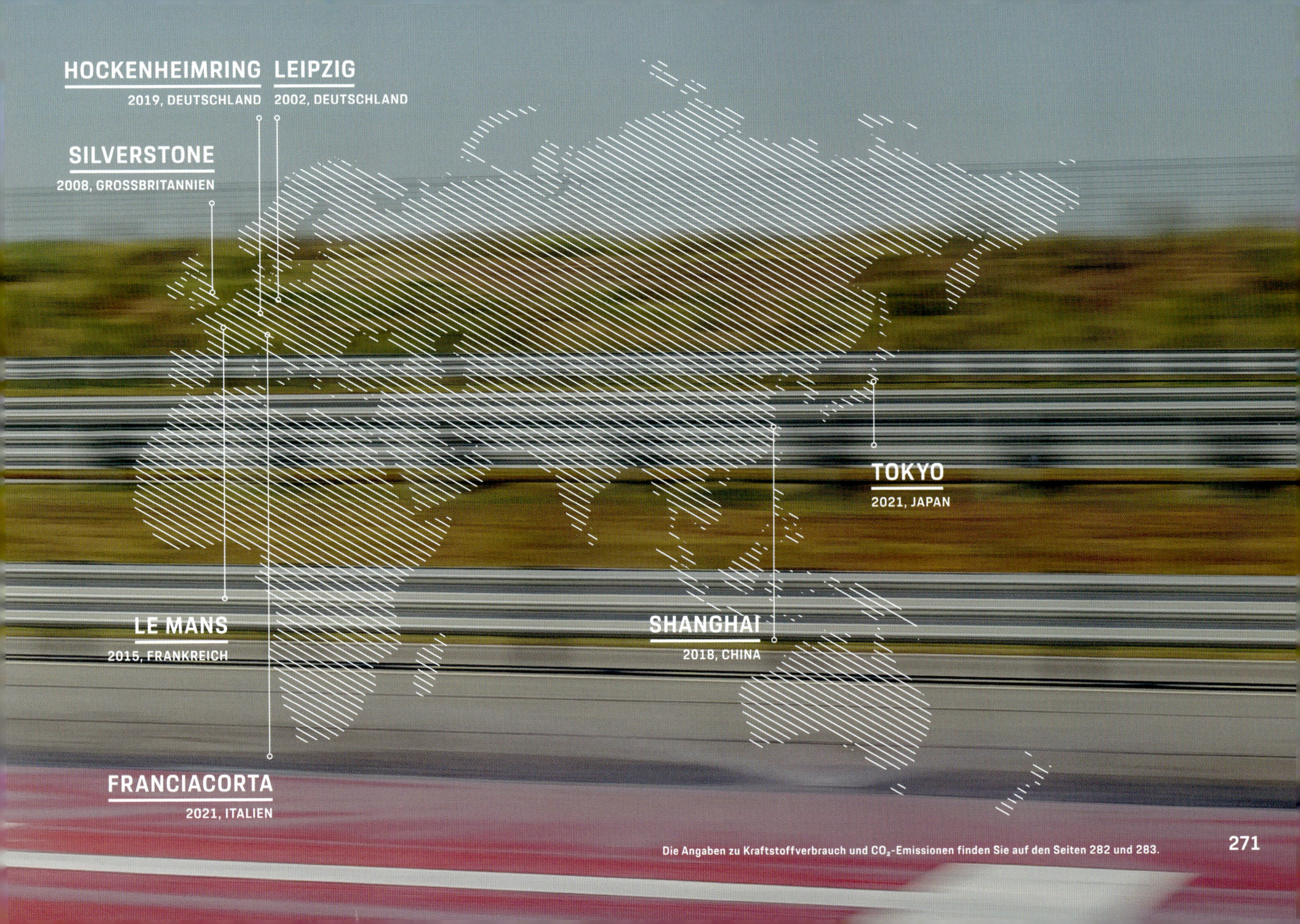

Die Angaben zu Kraftstoffverbrauch und CO_2-Emissionen finden Sie auf den Seiten 282 und 283.

INDEX Stichworte

V

W

Z

INDEX Konstruktionen

Kraftstoffverbrauch und CO_2-Emissionen

Stand 04/2023

718 Boxster Modelle
Kraftstoffverbrauch kombiniert (WLTP): 11,1–8,9 l/100 km;
CO_2-Emissionen kombiniert (WLTP): 251–201 g/km

718 Boxster GTS 4.0
Kraftstoffverbrauch kombiniert (WLTP): 10,9–10,1 l/100 km;
CO_2-Emissionen kombiniert (WLTP): 247–230 g/km

718 Boxster T
Kraftstoffverbrauch kombiniert (WLTP): 9,7–8,9 l/100 km;
CO_2-Emissionen kombiniert (WLTP): 219–202 g/km

Boxster 25 Jahre
Kraftstoffverbrauch kombiniert (WLTP): 10,9–10,1 l/100 km;
CO_2-Emissionen kombiniert (WLTP): 247–230 g/km

718 Cayman GTS 4.0
Kraftstoffverbrauch kombiniert (WLTP): 10,9–10,1 l/100 km;
CO_2-Emissionen kombiniert (WLTP): 247–230 g/km

718 Cayman T
Kraftstoffverbrauch kombiniert (WLTP): 9,6–8,9 l/100 km;
CO_2-Emissionen kombiniert (WLTP): 218–202 g/km

911 Carrera Modelle
Kraftstoffverbrauch kombiniert (WLTP): 11,4–10,1 l/100 km;
CO_2-Emissionen kombiniert (WLTP): 259–229 g/km

911 Carrera S Cabriolet
Kraftstoffverbrauch kombiniert (WLTP): 11,0–10,3 l/100 km;
CO_2-Emissionen kombiniert (WLTP): 250–233 g/km

911 Carrera 4S Cabriolet
Kraftstoffverbrauch kombiniert (WLTP): 11,1–10,4 l/100 km;
CO_2-Emissionen kombiniert (WLTP): 252–235 g/km

911 Dakar
Kraftstoffverbrauch kombiniert (WLTP): 11,3 l/100 km;
CO_2-Emissionen kombiniert (WLTP): 256 g/km

911 GT3
Kraftstoffverbrauch kombiniert (WLTP): 13,0–12,9 l/100 km;
CO_2-Emissionen kombiniert (WLTP): 294–293 g/km

911 GT3 RS
Kraftstoffverbrauch kombiniert (WLTP): 13,4 l/100 km;
CO_2-Emissionen kombiniert (WLTP): 305 g/km

911 Sport Classic
Kraftstoffverbrauch kombiniert (WLTP): 12,6 l/100 km;
CO_2-Emissionen kombiniert (WLTP): 285 g/km

911 Targa 4S Heritage Design Edition
Kraftstoffverbrauch kombiniert (WLTP): 11,1–10,4 l/100 km;
CO_2-Emissionen kombiniert (WLTP): 253 – 236 g/km

911 Targa Modelle
Kraftstoffverbrauch kombiniert (WLTP): 11,1–10,4 l/100 km;
CO_2-Emissionen kombiniert (WLTP): 253–236 g/km

911 Turbo S
Kraftstoffverbrauch kombiniert (WLTP): 12,3–12,0 l/100 km;
CO_2-Emissionen kombiniert (WLTP): 278–271 g/km

Cayenne
Kraftstoffverbrauch kombiniert (WLTP): 12,5–11,5 l/100 km;
CO_2-Emissionen kombiniert (WLTP): 283–259 g/km

Cayenne E-Hybrid
Kraftstoffverbrauch gewichtet kombiniert (WLTP): 3,7–3,1 l/100 km;
CO_2-Emissionen gewichtet kombiniert (WLTP): 83–71 g/km;
Stromverbrauch gewichtet kombiniert (WLTP): 26,5–25,1 kWh/100 km;
Elektrische Reichweite (EAER): 41–44 km;
Elektrische Reichweite Stadt (EAER Stadt): 44–48 km

Cayenne S
Kraftstoffverbrauch kombiniert (WLTP): 12,9–11,8 l/100 km;
CO_2-Emissionen kombiniert (WLTP): 292–268 g/km

Cayenne Turbo GT
Kraftstoffverbrauch kombiniert (WLTP): 14,1 l/100 km;
CO_2-Emissionen kombiniert (WLTP): 319 g/km

Cayenne Coupé Modelle
Kraftstoffverbrauch kombiniert (WLTP): 14,1–11,6 l/100 km;
CO_2-Emissionen kombiniert (WLTP): 283–263 g/km

Macan S
Kraftstoffverbrauch kombiniert (WLTP): 11,7–11,1 l/100 km;
CO_2-Emissionen kombiniert (WLTP): 265–251 g/km

Macan T
Kraftstoffverbrauch kombiniert (WLTP): 10,7–10,1 l/100 km;
CO_2-Emissionen kombiniert (WLTP): 242–229 g/km

Taycan Cross Turismo Modelle
Stromverbrauch kombiniert (WLTP): 24,8–21,2 kWh/100 km;
CO_2-Emissionen kombiniert (WLTP): 0 g/km;
Elektrische Reichweite: 415–490 km;
Elektrische Reichweite Stadt: 517–616 km

Taycan Turbo Modelle
Stromverbrauch kombiniert (WLTP): 28,5– 8,0 kWh/100 km;
CO_2-Emissionen kombiniert (WLTP): 0 g/km;
Reichweite kombiniert (WLTP): 435–506 km;
Elektrische Reichweite innerorts (WLTP): 537–627 km

Weitere Informationen zum offiziellen Kraftstoffverbrauch und den offiziellen spezifischen CO_2-Emissionen neuer Personenkraftwagen können dem „Leitfaden über den Kraftstoffverbrauch, die CO_2-Emissionen und den Stromverbrauch neuer Personenkraftwagen" entnommen werden, der an allen Verkaufsstellen und bei DAT (Deutsche Automobil Treuhand GmbH, Hellmuth-Hirth-Str. 1, 73760 Ostfildern) oder online unter https://www.dat.de/leitfaden/LeitfadenCO2.pdf unentgeltlich erhältlich ist.

IMPRESSUM

Dr. Ing. h.c. F. Porsche AG
Porscheplatz 1
70435 Stuttgart
Germany
www.porsche.com/museum

HERAUSGEBER
Dr. Ing. h.c. F. Porsche AG
Edition Porsche Museum 2023
MAP09076023

Motorbuch Verlag, Stuttgart
ISBN 9783613321601

BOOK DESIGN & LAYOUT
design hoch drei GmbH & Co. KG,
Mark Ch. Klein, Jonathan Schönberger

DRUCK
Printer Trento srl

BILDNACHWEIS
Fotos: alle Fotos Porsche Unternehmensarchiv, Dr. Ing. h.c. F. Porsche AG,
mit Ausnahme der folgenden:
Adolf Rosenberger gGmbH (S. 12),
Automuseum PROTOTYP Hamburg (S. 40 rechts),
Porsche AG (S. 216 links, 219 links oben, 221 rechts, 223–251, 254–255, 270–271),
Familienarchiv Reutter, Stuttgart (S. 81 rechts).

Alle Rechte vorbehalten. Die Rechte für die Verwendung der Abbildungen und Textbeiträge liegen bei der Dr. Ing. h.c. F. Porsche AG, Stuttgart. Ohne ausdrückliche Erlaubnis darf das Werk, auch Teile daraus, weder reproduziert, übertragen noch kopiert werden. In einigen Fällen wurde aus Gründen der Lesbarkeit im Text die männliche Form gewählt, nichtsdestoweniger beziehen sich die Angaben auf Angehörige aller Geschlechter.

AF866992